机械制造自动化及先进制造技术研究

肖春雨　邢勇香　张晶晶　著

哈尔滨出版社
HARBIN PUBLISHING HOUSE

图书在版编目（CIP）数据

机械制造自动化及先进制造技术研究 / 肖春雨，邢勇香，张晶晶著. -- 哈尔滨 ：哈尔滨出版社，2025. 1.
ISBN 978-7-5484-8050-1

Ⅰ. TH165

中国国家版本馆 CIP 数据核字第 2024WN4101 号

书　　名：机械制造自动化及先进制造技术研究
JIXIE ZHIZAO ZIDONGHUA JI XIANJIN ZHIZAO JISHU YANJIU

作　　者：肖春雨　邢勇香　张晶晶　著
责任编辑：刘　硕
封面设计：赵庆旸

出版发行：哈尔滨出版社（Harbin Publishing House）
社　　址：哈尔滨市香坊区泰山路 82-9 号　　**邮编：**150090
经　　销：全国新华书店
印　　刷：捷鹰印刷（天津）有限公司
网　　址：www. hrbcbs. com
E - mail：hrbcbs@yeah. net
编辑版权热线：（0451）87900271　87900272
销售热线：（0451）87900202　87900203

开　　本：787mm × 1092mm　1/16　**印张：**10. 75　**字数：**238 千字
版　　次：2025 年 1 月第 1 版
印　　次：2025 年 1 月第 1 次印刷
书　　号：ISBN 978-7-5484-8050-1
定　　价：68. 00 元

前　言

随着科技的飞速发展，机械制造技术日新月异，国内机械加工与电子技术领域迎来了蓬勃发展的春天。机械制造业的强盛，已成为衡量国家经济实力的重要标志，尤其在发达国家，其地位举足轻重。

近年来，机械制造技术的飞跃，尤其是计算机与信息技术的深度融合，不仅重塑了制造自动化的内涵，还极大地拓宽了其应用的边界，促使企业运营模式发生深刻变革。在全球经济一体化的背景下，机械制造产品的全生命周期——从生产、销售到成本控制、服务支持，均面临前所未有的外部环境挑战。传统的制造范式、工艺手段及材料选择已难以满足时代需求，自动化技术的引入则成为破局之关键。它不仅能显著降低人力成本，提升产品质量，还能增强制造系统对市场波动的响应能力，从而巩固并提升企业的市场竞争力。作为制造业自动化基石的机械制造自动化，是实现高效生产、赢得市场先机的重要支撑。

本书聚焦于机械制造自动化及其先进制造技术，首先勾勒出机械制造自动化的基础框架，为读者构建全面的认知体系；随后，深入分析机械制造的自动化进程；最后，探索先进制造工艺技术及先进机器人技术等的进展。

本书旨在成为机械制造自动化领域研究者的宝贵资料，同时欢迎对机械制造自动化及其先进制造技术有兴趣的朋友阅读，共同促进该领域的进步与发展。由于本书写作过程中难免存在疏漏，请广大读者不吝赐教，您的每一条宝贵意见都是我们不断完善的动力源泉。

目 录

第一章　自动化技术的发展

第一节　自动化与信息化技术

一、柔性制造技术

（一）柔性制造技术的现状及发展

1. 柔性制造技术的基本概念

柔性制造技术主要包括柔性系统和柔性制造技术两个主要概念。

（1）柔性系统

柔性系统，作为一种高度适应性的生产模式，其核心优势体现在两个关键维度上。首先，其外部适应力卓越，这主要体现在系统能否灵活响应并满足新产品开发的需求，是衡量其适应外界变化能力的核心标准。其次，柔性系统在内部环境变动时亦展现出强大的适应性，具体表现为系统在常态与受干扰状态下，其生产期望值保持稳定的能力，这一比值成为评估其内部适应力的关键指标。相较于刚性系统，柔性系统以其更强的灵活性脱颖而出。刚性生产，尽管能实现单一产品的高效大批量生产，具有高效率、高设备利用率和低成本的优点，却受限于产品种类的单一性，难以适应多品种、小批量的市场需求。

随着科技的进步，市场需求的多样化促使生产模式向更加灵活、动态的方向转变。在此背景下，柔性系统凭借其机器、工艺、产品、维护、生产能力、扩散及运行等多方面的柔性特性，成为现代制造业的重要支柱。这些特性共同赋予了柔性系统灵活应对市场变化、实现多种类、小批量生产的强大能力，满足了当前制造业对缩短开发周期、降低生产成本、提升产品质量的迫切需求，从而决定了其在市场中的生存与竞争优势。

（2）柔性制造技术

柔性制造，简而言之，是通过先进的柔性制造系统来灵活应对不同形状、种类的工件制造需求，这一技术体系的总称便是柔性制造技术。它以高度的技术密集性，构成了密集型技术群的重要部分，并特别强调制造系统的灵活性，特别擅长于中小批量且种类繁多的产品加工。

根据规模的不同，柔性制造技术可以细分为四大类：柔性制造系统（FMS）、柔性制造单元（FMC）、柔性制造线（FML）及柔性制造工厂（FMF）。首先，FMS，作为核心系统，由两台以上的数控机床组成，这些机床不仅具备自动换刀、换件的能力，还以加工中心为核心，辅以自动物料传输与管理系统，并由计算机统一控制，实现了实时监控和多样化零件的自动化加工。

接着是 FMC，它可视为 FMS 的精简版，虽小却五脏俱全，仅包含 1 至 2 台加工中心或数控机床，以及物料运送装置，其灵活性和自动化程度同样出色，能够轻松应对多种产品的加工需求。

再来看 FML，它介于非柔性自动生产与 FMS 之间，以数控机床和加工中心为主要加工设备，根据实际需要我们还可能引入专用机床。相较于 FMS，FML 在物料运输柔性上要求较低，但生产率更高，特别是连续分散型生产控制和离散柔性制造系统，在我国已得到广泛应用并趋于成熟。

最后是 FMF，这是由多条 FMS 组成的超级系统，还配备了自动化立体仓库，通过计算机系统实现全面控制。从订货、设计、加工、装配到检验、运送，FMF 为被加工产品提供了完整的解决方案。其高度自动化和柔性化特点，使 FMF 成为智能制造系统的代表，展现了世界领先的自动化应用技术水平。

2. 柔性制造技术的发展与应用

自 20 世纪 70 年代末起，柔性制造技术逐步走出实验室，成为引领先进企业生产线变革的关键力量。历经数十载的探索与精进，该技术已深受瞩目，并广泛应用于汽车、制造等多个核心行业。同时，作为机械制造业的核心支柱，机床的演进历程同样引人瞩目。20 世纪 50 年代计算机技术的飞跃，为机床控制信息流带来了革命性突破，催生了以数字化技术为基石的数控机床，其卓越的性能、精度及功能的多样化，为制造业的现代化转型奠定了基石。

在信息技术日新月异的今天，数字化技术已成为企业制造系统现代化的核心驱动力。借助数控技术的赋能，制造装备及其控制流程正加速向自动化、网络化、智能化迈进，这不仅显著增强了企业在全球化市场中的应变能力，也为机械制造企业的转型升级提供了强大支撑。

随着柔性化生产理念深入人心，其在密集型制造领域的渗透日益广泛。柔性制造系统以其灵活应对小批量、多品种生产需求的能力，有效解决了传统生产模式中的诸多难题，快速响应市场变化，赢得了生产厂家的广泛认可。特别是在汽车零部件加工制造领域，柔性制造技术的优势尤为突出，为行业的高效、精准生产树立了典范。

3. 柔性制造技术的发展趋势

（1）FMC 技术的推广日益广泛，鉴于其在经济效益上与 FMS 相近，但所需投资却更为节省，这使其成为条件有限企业的理想选择。当前，我国众多企业已对 FMC 技术表示出高度认可，并将其视为推动企业发展的重要战略项目。

（2）面对产品批量大但品种多样的生产需求，如汽车制造行业，FML 制造系统展现出更高的生产效率。基于 FMS 制造厂积累的丰富经验，FML 正经历进一步的优化，旨在降低成本，其中包括将部分通用加工中心替换为成本效益更高的专用数控机床，以满足市场的特定需求。

（3）展望未来，FMS 将不再局限于传统的单一加工系统角色，而是朝着功能多元化的方向迈进。这一趋势预示着 FMS 将融入更多先进技术，以提供更加全面、灵活的生产解决方案，满足市场日益复杂多变的需求。

（二）柔性制造技术的产品设计

1. 柔性制造技术综述

柔性制造技术，作为现代制造业的先锋，深度融合了信息技术、自动化控制及高端机械加工工艺，旨在赋能企业迅速响应市场波动，实现定制化、订单式生产的智能化转型。相较于传统制造技术——一种专注于大规模单一产品生产的刚性模式，柔性制造技术展现了高度的灵活性与可塑性。它能通过灵活调整生产设备、优化工艺流程等手段，轻松驾驭多品种、小批量的生产挑战，不仅满足了市场的多元化需求，还有效控制了成本，提升了产品的性价比，从而在激烈的市场竞争中占据有利地位。

值得注意的是，我国在推广柔性制造技术时，往往聚焦于技术本身的实施，而相对忽视了与之紧密相关的产品设计、生产组织、资源配置及市场策略等环节的配套优化。然而，柔性制造技术的成功应用，离不开这些环节的协同创新与深度融合。特别是产品设计，作为制造流程的起点，其创新性与适应性对于充分发挥柔性制造技术的潜力至关重要。因此，在推进柔性制造技术的同时，我们必须加强对产品设计及整个生产体系相关环节的深入研究与改进，以确保技术效能的最大化释放。

2. 柔性制造技术对产品设计发展的意义

目前，柔性制造技术已作为现代工业生产的核心理念与工厂自动化的前沿典范，在全球范围内获得广泛认可，引领着现代制造业生产方式的主流趋势。此技术的飞速发展，不仅极大地加速了制造工艺技术群的革新步伐，还深刻促进了产品设计的繁荣与进步。

首先，柔性制造技术以其独有的产品“柔性”特质，打破了传统刚性制造技术的束缚，使得产品更新换代变得更为迅速与灵活。面对市场的瞬息万变，柔性制造系统能够迅速响应，适应新产品的生产需求，从而推动了产品设计的不断演进。这种能力不仅为产品设计营造了更加有利的外部环境，还促使产品品种日益丰富，更新速度加快，进而对产品设计理论、方法及技术的提升产生了强大的推动力。

其次，柔性制造技术的广泛应用促进了多学科间的交叉融合与相互渗透。它深度融合了现代信息技术、传感技术、自动化技术及管理技术等前沿成果，这些技术的融合不仅提升了生产制造的精度、速度与难度，更为产品设计的发展注入了新的活力。例如，计算机辅助设计（CAD）与计算机辅助制造（CAM）技术的成熟应用，不仅极大地缩短了产品设计周期，提高了设计效率，还使得复杂形态的产品设计得以实现，拓展了产品设计的创新边界。同时，柔性制造技术所涉领域的丰富理论，如模块化、并行工程及产品族等，也为产品设计的理论发展提供了深厚的滋养，进一步增强了推动产品设计发展的内在动力。

3. 柔性制造技术条件下产品设计的发展要点

现代产品设计理论，根植于工业革命后的刚性制造技术土壤，已难以满足柔性制造技术带来的变革需求。鉴于两者间的显著差异，产品设计亟需深化对柔性制造技术特性的理解，并据此不断创新其理论、流程、模式及手段。这要求产品设计不仅要跨领域融合经济、技术、文化和艺术等多学科理论，如模块化设计便成功融合了模块化理论与产品设计，提升了设计效率与市场适应性；还需推动设计模式的革新，如并行设计便是对传统串行设计的超越，通过一体化设计与跨部门协同，显著缩短了产品开发周期，提高了产品质量与成本效益。

同时，产品设计应紧密拥抱高新科技，利用如3D打印等先进技术作为设计辅助，提升设计效能与创造力，拓展设计的边界。此外，设计师需保持对科技发展动态与企业实际制造能力的敏锐洞察，实时更新知识储备，确保设计创新既前瞻又切实可行，既能引领市场趋势，又能与企业的柔性制造能力相匹配，从而在激烈的市场竞争中占据先机。综上所述，产品设计唯有不断适应柔性制造技术的发展要求，深化理论融合，推进模式创新，强化科技应用，并实时更新信息储备，方能持续为社会经济与市场需求的快速变化提供有力支撑。

（三）柔性制造技术的应用

1. 柔性制造技术在数控机床中的应用

（1）柔性制造系统

柔性制造技术的核心构成包括柔性制造单元、柔性制造系统及柔性制造线，这三者各具特色，共同为现代工业生产带来了革命性的变革。FMC以其小型化、柔性化和自动化的显著特点脱颖而出，主要由1至2台加工中心、工业机器人及数控机床等关键部件组成，展现出极高的灵活性，广泛应用于各类产品的加工过程，为人们的生产与生活带来了巨大便利。

相比之下，FMS则显得更为庞大与综合，它通常包含四台或更多自动数控机床加工中心，并通过先进的集中控制系统与高效的物料搬运体系紧密相连，实现了在不中断生产流程的前提下进行小批量高效生产的能力。

而FML，作为柔性制造技术的又一重要分支，巧妙融合了非柔性自动线与FMS的优势，构建出兼具两者特点的新型生产线。在加工设备方面，FML灵活选用通用型加工中心、CNC机床及专用机床，以适应不同的生产需求。尽管在搬运系统的柔性要求上稍逊于FMS，但FML以其卓越的生产效率，特别是在离散性生产模式下，如柔性制造系统与连续生产分散控制系统的应用中，展现出了强大的竞争力。目前，这项技术在数控机床领域的应用已相当成熟，并在我国众多生产领域中得到广泛推广与应用。

（2）柔性制造技术在数控机床中的具体应用形式

柔性制造技术在数控机床领域的应用广泛且深远，显著提升了制造效率与灵活性。在数控机床自动控制系统方面，柔性制造技术成为推动其向智能化、高效化发展的关键力量，通过与自动控制系统的深度融合，不仅加速了新产品的研发与定制化生产，还促进了CAD等先进技术的集成，实现了自动化加工流程的优化。计算机系统在柔性制造中扮演着核心角色，它不仅是技术设计与开发的基础平台，还通过模块化设计与柔性网络构建，强化了生产流程的灵活性与效率。在数控包装领域，柔性制造技术满足了市场对产品包装多样化和个性化的需求，通过完善数控机床功能及引入独立伺服控制，推动了包装生产线的智能化与定制化发展。此外，柔性制造技术还深刻影响了数控钣金加工行业，促进了数控冲床、剪板机等设备的优化升级，尽管当前各工序间仍需人工调度，但随着技术的不断完善，钣金柔性加工体系正逐步形成，展现了柔性制造技术在提升加工精度、降低成本及满足多样化需求方面的巨大潜力。

2. 柔性制造创新技术在汽车生产中的应用

（1）柔性制造技术的创新特点

柔性制造技术在汽车生产行业中展现出诸多显著特点：首先，其生产设备具备高度灵活性，能够执行多样化的加工任务，实现批量生产的同时有效降低库存成本，提升设备利用率并缩短产品周期。其次，该技术在原材料运输环节确保了资源的高效利用与即时供应。面对生产中的机械故障，柔性制造系统能够迅速进行动态调整，维持生产连续性，减轻故障对产量的影响。此外，操作人员需具备高水平的专业技能，以灵活应对不同岗位的需求。柔性系统还通过多路线加工策略平衡车间机床负荷，确保生产稳定可靠。

在产品设计方面，柔性制造技术能够支持多样化的设计方案，精准契合市场需求，提升客户满意度。面对市场变化，企业可灵活调整生产计划与零部件配置，迅速响应市场需求。同时，该系统的开放性使其易于扩展生产规模，适应新市场的快速变化，展现出强大的生产能力。

值得一提的是，柔性生产制造系统无须频繁更新调整，即可实现产品的多样化生产，高效完成各类生产任务。最重要的是，该系统能够灵活适应多变的市场环境，成为推动汽车生产产业持续发展的重要引擎。

（2）柔性制造技术创新给汽车生产带来的影响

柔性制造技术在汽车生产中的应用，显著推动了产业的多方面进步。首先，它有效保障了生产能力的稳定性，通过自动化加工系统灵活应对机床故障，实现生产材料的动态调度，降低了故障对生产进度的干扰，促进了汽车产业的快速发展。其次，柔性制造系统显著提高了生产设备的利用率，利用计算机精准控制生产流程，迅速响应机床空闲状态并重新分配任务，使机床利用率最大化，从而降低了生产成本，特别是在设备后期维护成本上实现了显著节约。再次，该技术大幅降低了人工劳动力成本，通过计算机操控的自动化生产流程，减少了对大量人工的依赖，仅需少量高技能操控员即可管理整个生产过程，同时系统自带的灵活性也便于设备的日常维护，进一步削减了维修成本。最后，柔性制造技术在提升汽车产品质量方面也发挥了关键作用，通过优化卡具与机床配置，保持零件一致性，并结合自动监测与补偿系统，确保了对生产质量问题的即时响应与调整，从而提升了汽车产品的整体品质。

（3）汽车产业柔性技术发展的前景

我国汽车产业以多样化的品种与中小批量化的生产模式为特色，在此背景下，柔性制造技术展现出巨大优势，日益成为汽车产业发展的关键支撑。该技术不仅深度融入机械加工、钣金加工、喷漆热处理等制造环节，还通过集成机械加工技术、材料运储、机械操控及网络通信服务等前沿科技，显著提升了 FMS 系统的综合性能。喷水切削与激光加工等先进技术的广泛应用，进一步增强了 FMS 的加工精度与生产灵活性，推动了汽车生产效能的飞跃。

与此同时，自动储存与提取系统的快速发展，为汽车产业构建了高效、安全的物流体系，有效缩短了生产周期，提升了经济效益。这些技术革新不仅增强了 FMS 的柔性，减少了人为错误，还显著提升了汽车产品的品质。随着计算机集成制造系统（CIMS）成为制造业的主流趋势，柔性制造技术作为其核心组成部分，将迎来更广泛的应用前景，持续为汽车生产产业的创新发展注入强劲动力。

二、制造技术

（一）现代制造技术

1. 现代制造业技术概述

（1）制造技术的基本内容

近年来，随着经济全球化与一体化的加速推进，信息资源的爆炸性增长对制造业提出了前所未有的挑战。在这一背景下，传统制造技术因其局限性已难以满足社会日新月异的需求，促使现代制造技术必须向更加综合、跨学科的方向迈进。现代制造技术深度融合了计算机、信息技术、自动化技术等多个前沿领域，其复杂性与综合性远超传统模式，标志着制造业向更高层次的转型升级。此技术体系不仅涵盖了产品从设计到制造的完整流程，还广泛涉及管理、客户体验及售后服务等多个环节，全方位提升了制造企业的市场适应能力和竞争力，为企业带来了更加丰厚的经济效益与市场回报。

（2）现代机械制造技术的特征

现代机械制造技术展现出多维度的鲜明特征：首先，它是一门跨学科的综合学科，深度融合了机械、计算机、信息及自动化等领域的精髓，其功能结构与信息系统随应用对象与时间的变迁而持续演进。其次，该系统具备高度的多功能性与信息密集性，能够灵活应对从批量生产到个性化订单制造的多样需求。再次，智能化是其核心趋势，不仅替代了人工操作，还能学习与运用工程技术人员的丰富经验与知识，解决实际问题，同时强调人的主导作用与智能融合。此外，设计与工艺的一体化发展打破了传统界限，实现了两者间的紧密互动，促进了制造技术的整体进步。精密加工技术，特别是纳米技术，作为衡量现代制造水平的关键指标，持续推动着技术边界的拓展。最后，现代制造技术贯穿产品从概念构想到报废处理的全生命周期，强调设计阶段的全面考量，包括拆卸设计，以促进资源的循环利用与环境保护。

2. 现代制造技术的发展趋势

（1）知识和信息化

知识是任何技术进步的基石，然而，在我国当前的制造技术应用实践中，普遍存在重技巧轻知识的现象，这成为制约制造技术深化发展的瓶颈。随着信息化的浪潮席卷而来，制造技术的未来发展正逐步迈向数字化管理的新阶段，通过网络化手段显著提升管理效能。审视当前知识与信息化的融合态势，可以预见，未来的制造技术将构建在知识密集与高度信息化的坚实基础上，形成全新的发展模式，推动产业向更高层次迈进。

（2）全球化

近年来，现代制造技术正逐步迈向技术全球化的崭新阶段，尽管各国间生产标准的差异仍在一定程度上阻碍着这一进程的全面实现。然而，在全球经济一体化浪潮的强力推动下，各国制造技术趋同化的趋势已不可逆转。现代制造技术全球化的显著特征可归结为两点：一是低成本生产技术的普及，随着全球经济竞争的加剧，成本控制成为企业盈利的关键，因此，寻求并应用低成本生产技术已成为制造业发展的必然趋势；二是绿色技术生产的兴起，面对全球环境问题的日益严峻，公众环保意识的普遍提升促使绿色制造技术的研发与应用变得愈发迫切，这不仅是企业履行社会责任的体现，也是实现可持续发展的必由之路。

（3）灵捷化

灵捷化主要指的就是由生产到市场销售之间的准备时间大幅缩短，促使制造企业的机制可以实现灵活转向。在未来社会经济的发展过程中，现代制造企业提高生产与经营的灵活性是至关重要的。

（4）可持续发展

可持续发展不仅是一个经济层面的宏观构想，更是深刻融入现代制造业生产核心的一种前瞻理念。鉴于工业制造资源对社会经济发展的关键性作用，现代制造业在生产流程中必须将环境保护与资源可持续利用置于重要位置。鉴于传统工业生产已对自然生态造成不可忽视的损害，包括雾霾、全球变暖等环境问题频发，严重威胁到公众健康与日常生活，因此，对现代制造技术进行持续优化与创新，积极推广可持续制造技术，减少生产过程中的环境污染，已成为当务之急。

（5）纳米技术

当前，纳米技术的迅猛崛起不仅对我国现代制造行业构成了显著冲击，更为其开辟了前所未有的发展机遇。在此背景下，现代制造业亟须加速技术创新步伐，以科技革新为驱动力，全面提升生产效率和产品质量。纳米材料的诞生，作为这一科技浪潮中的璀璨明珠，为现代制造业注入了新的市场活力与无限可能。展望未来，现代制造业应敏锐捕捉这一新兴市场需求，积极研发基于纳米材料的新产品，以满足市场多元化、高端化的需求，从而推动整个行业迈向更加繁荣的发展阶段。

（二）先进制造技术与机械制造工艺

1. 先进制造技术与机械制造工艺和传统制造技术的比较

传统制造技术遵循的是开环生产模式，它从自然界汲取资源，加工成工程材料的同时，伴随污染性物质释放至环境，此过程消耗大量人力物力，且机械加工业位列污染源前列，产生显著废物排放。末端治理虽为应对之策，却面临成本高企等局限。相比之下，先进制造技术与机械制造工艺分析的优势在于其绿色闭环生产体系，它全面考量产品生命周期内的材料回收、再利用及处置环节，通过特定工艺手段和技术措施，在产品设计、生产、回收各阶段有效解决环境问题。简而言之，两者的根本差异在于，传统模式忽视资源环境考量，而先进模式则追求产品全生命周期的最优化控制，合理配置资源，最大化发挥制造系统效能。

2. 实施先进制造技术与机械制造工艺的主要途径

（1）网络化已成为先进制造技术与机械制造工艺的重要发展方向，特别是依托互联网的深度融合，构建了闭环生产系统的新范式。这种系统强调废弃物的循环利用，贯穿于产品全生命周期的材料回收、再利用与环保处理之中。通过企业局域网的桥梁作用，各分散的加工中心与数控设备被紧密连接，实现了先进制造技术与机械制造工艺过程的全面监控与调控，同时促进了与企业各子系统的无缝集成，为优化决策提供了有力支撑。

（2）柔性化则是现代生产方式变革的显著特征，它要求生产系统能够灵活应对小批量、多品种的市场需求。这意味着先进制造技术与机械制造工艺加工系统需具备高度的可重构性与快速响应能力，以便迅速适应外部环境的变化，满足市场需求的多样化与个性化，从而在竞争激烈的市场中保持领先地位。

3. 新型制造工艺分析

（1）少无切削加工技术在机械制造领域的应用日益成熟，显著缩短了产品制造周期。该技术尤其适用于异形孔类零件及齿轮花键等部件的加工。

（2）干式加工技术作为一种环保高效的切削方式，旨在减少或完全避免切削液的使用。传统切削液不仅增加成本，其有害添加剂还可能污染环境、危害工人健康。干式切削，尤其是采用最小量润滑技术的变体，已在车削等领域广泛应用，如 KC250H 型干式滚齿机实现了高速滚齿加工，效率提升显著。针对难加工材料，激光辅助加工技术提供了创新解决方案。

（3）减少加工余量也是提升机械制造效率的关键。传统毛坯粗糙导致加工余量大，不仅浪费原材料，还降低了生产效率。因此，推动毛坯制造专业化，提高毛坯精度，并结合先进制造技术确保加工质量，成为减少加工余量、优化生产流程的有效途径。

三、信息化带动自动化

（一）国内外信息化与自动化融合发展

自工业革命以降，工业发展轨迹清晰地勾勒出从机械化到电气化，再至自动化，直至当前的数字化、智能化与网络化的壮丽篇章。20 世纪中叶，随着自动化技术的飞跃，工业生产效率显著提升，自动化成为工业现代化的关键标识。随后，微处理芯片的诞生标志着工业化迈入了一个以数字化为核心，智能化与网络化并进的全新纪元。在这一过程中，信息化与自动化的深度融合，不仅加速了工业生产的变革，也深刻影响了全球经济格局。

在信息化与自动化融合的演进历程中，国内外呈现出诸多共通之处，具体体现在四个方面：首先，从应用领域来看，两者均遵循了由军用至民用的扩散路径。初期，自动化与信息技术的发展多受军事需求驱动，如电子计算机的诞生便源于军事计算的迫切需求。随后，随着技术的成熟与成本的降低，这些先进技术逐渐渗透到民用领域，促进了社会各行业的转型升级。

其次，在企业规模层面，信息化与自动化的融合进程呈现出由大型企业向中小企业扩展的趋势。大型企业凭借其强大的经济实力、技术积累及人才优势，率先成为信息化与自动化融合的先锋，通过实施先进的信息系统和管理模式，显著提升了企业竞争力。同时，这些成功案例也为中小企业提供了宝贵的经验与示范，推动了整个行业的信息化进程。

再次，从应用深度上分析，信息化与自动化的融合经历了从数值计算向非数值应用全面渗透的过程。起初，计算机主要被用于解决复杂的数值计算问题，但随着技术的不断发展，其逻辑运算能力日益增强，使得计算机能够模拟人类的逻辑思维，进而在非数值领域实现智能化操作。这一转变极大地拓宽了信息化与自动化的应用范围，促进了设计、制造、管理等各个环节的自动化与智能化，显著提升了工业生产的整体效率与质量。

最后，从发展方向来看，信息化与自动化的融合正逐步从单项系统向网络综合系统迈进。在初期，由于技术水平和应用条件的限制，信息化与自动化多以单项、单机系统的形式存在，导致信息孤岛现象严重。然而，随着网络技术的飞速发展，计算机集成制造系统、企业资源计划（ERP）等综合集成应用系统的出现，为打破“信息孤岛”、实现信息共享提供了可能。这些系统通过高度集成化的设计，将生产、管理、销售等各个环节紧密相连，实现了生产经营的全面自动化与智能化，为工业社会的未来发展奠定了坚实的基础。

（二）机械设备的信息化管理

1. 机械设备信息化管理的必要性

信息化作为继工业化之后的又一社会经济发展的里程碑，其影响力深远，不仅是现代社会的发展潮流，也是衡量国家综合国力的重要标志。在机械设备管理领域，信息化技术的应用同样不可或缺。首先，信息化管理成为企业提升机械设备管理水平的关键手段，通过科学整合计算机技术与先进管理理念，实现对设备购置、使用、维修等全周期的精准监控与统计分析，显著提升管理效率与综合管理水平。其次，信息化管理是确保机械设备规范化管理的重要基石，通过建立独立数据库，系统化记录设备全生命周期信息，有效解决了传统管理方式下资料保存不完整、管理不连续的问题。最后，信息化管理为企业机械设备经济效益的最大化提供了有力支撑，通过实时监控设备状态、优化维修保养计划，不仅提高了设备使用率，还降低了生产成本，确保了设备的高效稳定运行，从而助力企业实现生产效益的最大化。

2. 机械设备信息化管理的举措

为优化企业机械设备管理效能，我们需构建与企业实际相契合的设备管理制度体系。这不仅要求确立明确的机械设备管理办法，并确保其有效执行，还需依托企业内部完善的规章制度、激励机制与约束机制作为支撑。通过强化机械设备管理机制建设，确保管理活动有章可循、有据可依，企业需持续健全设备管理机制，及时更新信息化管理方式，具体涵盖明确岗位职责、激发全员参与信息化管理的积极性、规范信息化管理流程等措施。此外，鉴于企业规模扩张及市场竞争加剧，高科技机械设备的广泛应用对企业的生产流程至关重要，实施集中管理成为提升管理效率的关键。集中管理策略应涵盖管理理念更新、管理人员专业能力提升及内部设备资源科学调配制度的建立，以实现资源优化配置与管理效能的全面提升。

第二节　自动化技术的应用领域

一、工业自动化

工业自动化领域广泛涵盖了制造业自动化与流程工业自动化两大分支。制造业自动化聚焦于产品的设计与制造流程，这一过程由多个紧密相连的生产阶段构成，每个阶段均严格遵循产品设计数据指导，其系统运作涉及信息流与物流的双重流动。该体系细分为工程信息、管理信息及制造信息等子系统，以确保生产的精准与高效。相比之下，流程工业则特指如炼油、化工、冶金、电力等行业，其显著特点在于物质在封闭环境中连续流动，生产过程严格遵循既定工艺流程，以实现物流的连续转换。流程工业的生产目标聚焦于“优质、高产、稳定、安全”，其加工方式涵盖化学反应、分离、混合等多种连续过程，这些特点与以离散制造为主的传统工业模式形成了鲜明对比。

（一）制造业自动化

1. 设计自动化

设计自动化作为制造自动化的核心进展之一，显著推动了制造流程的智能化转型。计算机辅助设计引领了这一变革，它利用计算机技术赋能工程技术人员，通过专业知识对产品或工程进行全方位设计，涵盖几何建模、工程分析、动态模拟及自动绘图等功能。一个全面的 CAD 系统集成了人机交互、科学计算、图形处理及工程数据库等模块，以 Auto CAD 为代表的通用软件已广泛应用于各行各业。

计算机辅助工艺过程设计（CAPP）则进一步延伸了自动化设计的边界，它基于产品设计信息，自动化地规划产品的加工策略与制造流程，包括毛坯设计、加工方法选定、工序详细规划、工艺路线编排及工时估算等，尤其是工序设计中融入了装夹设备选择、加工余量分配、切削参数设定等精细操作。

计算机辅助制造则聚焦于产品制造过程的自动化，广义上覆盖了从设计到生产的全周期活动，如工艺规划、作业调度、生产控制及质量监控等；狭义上特指数控编程，即利用计算机编制控制机床运行的程序。简而言之，CAD 实现了图纸绘制的自动化，CAPP 实现了生产规划的自动化，而 CAM 则确保了机器操作的自动化。

近年来，随着控制技术、计算机技术、人工智能及系统工程等领域的飞速发展，计算机辅助工程（CAE）应运而生，它不仅限于设计辅助，还融合了计算机辅助分析、教学、科研及实际工程应用，形成了一个高度集成的综合应用体系。

2. 仿生制造

仿生制造，这一前沿领域，深刻借鉴了生物组织的精妙结构与高效运行模式，旨在通过模拟生物体的自组织、自愈、自增长及自进化能力，实现对市场需求的敏捷响应与环境保护的双重目标。制造过程与生命活动之间存在着深刻的相似性，生物体凭借自我识别、发展、恢复与进化的能力，灵活适应多变环境，这一机制的核心在于

DNA 与 BN 两类生物信息的协同作用，分别承载着遗传与后天学习的智慧。这种信息处理的精准性，与制造业中数控编程与产品模型构建的过程不谋而合，揭示了生命与制造间微妙的对应关系。

面对现代制造系统日益规模化、复杂化及动态化的挑战，仿生制造提出了一条创新路径：融合生命科学的前沿成果与制造科学，探索新的制造范式与加工技术。这不仅为制造科学注入了新的活力，也拓宽了其研究边界。具体研究内容包括自生长成形工艺，它模拟生物生长机制，实现零件结构的自适应优化乃至人体器官的人工培育；仿生设计与制造系统，运用生物隐喻解决制造领域的关键技术难题；智能仿生机械，结合生物力学与微系统研究，开发应用于军事、生物医学等领域的创新设备；以及生物成型制造，探索利用生物手段制造微小复杂零件的新工艺。

仿生制造不仅是技术的革新，更是人类对自身组织结构与进化过程的深刻理解与模仿。它如同机械化延伸了体力，智能化拓展了智力，而仿生制造则进一步触及了生命组织的本质，为制造业开辟了一个充满无限可能的新纪元。

3. 网络化制造

随着信息革命的深入，制造业正加速向全球化迈进，企业集团化与多元化趋势明显，对高效信息共享的需求日益迫切。我们了解到您可能正面临如何有效整合全球资源、提升市场响应速度的挑战。

针对这些新情况，我国科技工作者已创新性地提出了网络化制造模式，旨在通过计算机网络技术，将全球各地的制造工厂、销售点紧密相连，加速产品开发，提升产品质量与市场反应能力。

在企业信息管理方面，我们处理的数据类型繁多、结构复杂，且涉及产品设计、生产计划、资源调配等多个维度，数据间存在紧密关联，需采用多介质载体存储。网络制造研究的核心在于促进制造业内部的信息流通与共享，以及拓展网络应用服务。

关键技术方面，我们专注于分布式网络通信技术、网络数据存取与交换、产品数据管理、协同工作及工作流管理等领域。通过 Internet、Intranet 和 Web 技术，实现远程数据处理、资源调用与设备控制，同时构建敏捷制造网络，整合企业、高校及研究机构资源，提供一站式服务。

展望未来，我们将致力于开发全球开放式制造系统及集成平台，探索基于信息高速公路的先进数据库技术、设备资源优化利用策略，以及逆工程集成等前沿技术。同时，积极响应绿色制造理念，力求在创造财富的同时，最大限度减少环境污染，推动制造业可持续发展。

（二）流程工业自动化

1. 流程工业先进控制

自动化技术在流程工业领域的应用历史悠久且成效显著，然而，面对流程工业固有的庞大规模、复杂结构及不确定性、非线性、强耦合等特性，单纯依赖常规控制手段已难以满足人们对产品质量与工艺要求的精准控制，进而影响到生产的安全、平稳与高效性。在此背景下，先进控制与在线优化技术应运而生，成为提升企业经济效益与竞争力的关键策略，它们在流程工业综合优化控制中扮演着桥梁角色，承上启下，至关重要。

国际上，自20世纪70年代末起，先进控制技术的商品化软件便已开始开发并应用于实际生产，这些软件基于DCS系统，集成了多变量约束控制、预测控制、推断控制、人工神经网络控制及软测量技术等最新控制理论成果，显著提升了工业生产的经济与社会效益。

反观我国，流程工业先进控制的应用与发展亦取得长足进步。目前，基于模型控制的理论体系已趋于完善，多约束模型预测控制等工程化软件包相继问世；专家控制系统在过程故障诊断、监督控制及仪表检测回路有效性方面展现优势；神经网络则广泛应用于非线性过程建模、软测量及控制系统设计中；模糊系统理论为表达不确定性知识提供了有力工具；尽管非线性控制尚处开发阶段，应用有限，但内模控制、自适应控制、增益调整、解耦控制及时滞补偿等先进控制手段已有所应用；尤为值得关注的是，鲁棒控制作为研究热点，尽管理论深度较大，但通过持续改进与简化以适应实际应用，增强先进控制的鲁棒性，成为重要的发展方向。

进入20世纪80年代后期，计算机与网络技术的飞速发展进一步推动了流程工业控制的跨学科融合，信号处理、计算、通信及网络技术与自动控制技术的深度融合，打破了传统自动化孤岛模式，催生了集控制、优化、调度、管理、经营于一体的综合自动化新模式，引领流程工业向更高水平的自动化与智能化迈进。

2. 流程工业自动化发展展望

流程工业自动化正朝着功能综合化、专业化与分散化三大趋势迈进。功能综合化表现为自动化系统从企业全局视角出发，集成信息管理、车间控制、装置协调、辅助设备与能源监测等功能，构建综合管理 – 控制一体化系统。专业化趋势则体现在两方面：一是应用系统针对流程行业分支（如石化、冶金等）的特异性需求日益专业化，软件层面需具备行业特色以满足用户；二是制造厂家因微电子和信息技术进步，专注于开发独特模块、部件、智能仪表或软件，实现专业化发展。分散化趋势受现场总线技术影响显著，尽管全面替代传统DCS尚需时日，但现场总线概念已深刻改变自动化系统架构。未来，DCS及工业自动化系统厂家将普遍采用双冗余以太网络嵌入式结构连接工业PC，实现操作与管理功能，同时利用现场总线或以太网将现场的智能I/O模块集成，构建大型分散式综合自动化系统，这一趋势被视为行业发展的必然方向。

二、建筑机械自动化技术发展趋势

（一）智能化水平的发展趋势

随着我国科技的飞速进步，互联网智能化浪潮正深刻影响着各行各业，建筑机械自动化技术领域亦不例外，正加速向智能化转型。这一转型的核心体现在两大方面：一是企业管理的智能化升级，精准定位与智能化手段的深度融合，不仅提升了管理效率，还充分发挥了智能化技术在建筑机械应用中的核心优势；二是资源优化配置的智能化实践，将智能化技术融入建筑机械自动化资源管理体系，有效降低了施工成本，同时在确保工程质量的前提下，最大化地释放了智能化机械自动化技术的潜能与价值。

（二）扩大应用领域的发展趋势

鉴于机械自动化技术所展现出的显著优势，它已成为现代建筑施工中不可或缺的关键力量。随着我国社会经济市场的蓬勃发展，建筑行业若欲实现持续进步与飞跃，必须致力于提升工作效率，并积极探索和拓展机械自动化技术的应用领域与边界。面对如海底隧道挖掘、大跨度桥梁建设等极具挑战性和高危险系数的复杂工程项目，施工过程中往往涉及错综复杂的管线布局与管理难题。在此情境下，机械自动化技术的引入与应用显得尤为关键，它不仅能够显著提升作业效率，还能有效应对这些复杂施工难题，确保工程顺利实施，从而推动建筑领域向更高层次发展。

（三）绿色环保的发展趋势

建筑施工领域，机械自动化技术以其高度的稳定性著称，但实践中亦暴露出资源浪费与环境污染等问题。鉴于建筑业劳动密集型的本质，施工过程中的违规操作不仅威胁施工安全，还对资源与环境构成显著影响。因此，推动建筑机械自动化向绿色环保方向发展成为关键趋势。这要求我们在保持机械自动化优势的同时，进一步优化机械设备性能，减少资源消耗与环境污染，并有效降低安全事故风险，确保施工活动更加安全、高效、可持续。

（四）对象识别的发展趋势

在建筑机械自动化技术体系中，作业对象的精准识别占据着核心地位，这一技术在众多建筑施工实例中得到了充分验证，尤其是在液压挖掘机中的应用尤为突出。通过先进的传感技术，系统能够精确识别作业对象的形状、材质等特性，进而实施细致的数据分析与综合评估。强化作业对象识别能力，不仅显著提升了建筑施工的质量标准，还有效减少了因误判导致的返工现象，实现了人力与物力资源的优化配置，有力推动了自动化技术的深化发展。

综上所述，审视建筑机械自动化技术的现状与发展趋势，其重要性不言而喻。这一过程不仅为我们提供了观察行业技术进步的直接窗口，也为解决发展中存在的问题、规划未来路径指明了方向。尽管我国在建筑机械自动化领域的研究已积累深厚基础，但面对日新月异的技术革新，仍不乏改进空间。未来，建筑机械自动化技术的发展应紧密依托现有科技成果，持续向智能化、绿色环保等前沿方向迈进，以技术创新引领行业转型升级，开启建筑自动化新篇章。

三、电气自动化在城市轨道交通中的应用

（一）电气自动化技术在城市轨道交通中的重要性

在现代化轨道交通管理体系中，电气自动化技术扮演着至关重要的角色。其应用不仅显著提升了城市轨道交通运输的整体效率，确保了车次运行的流畅无阻，还深刻体现了多方面的实际应用价值。首先，电气自动化技术实现了对城市轨道交通系统的全线实时监控，有效降低了传统监控方式下的人力与物力成本，提升了管理效能。其次，该技术精准处理了轨道交通线路规划中的复杂信息，为安全、高效的运输服务提

供了坚实保障。最后，通过智能调控，电气自动化技术有效缓解了交通拥堵状况，缩短了乘客的出行时间，显著改善了公众的交通体验。综上所述，电气自动化技术在城市轨道交通管理运输中的应用，是推动行业现代化进程、提升服务品质的关键所在。

（二）可行性分析

1. 集成行车指挥系统

城市轨道交通体系因运输线路错综复杂，高度依赖于高效、稳定的信号系统来集成指挥调度，确保行车安全与管理顺畅。电气自动化技术在此扮演着关键角色，它依托 ATP 信号设备收发装置，通过精细的信号数据集成策略，实现了信号指令在行车指挥系统中的高效传输与接收。这一过程不仅要求电气自动化技术能够准确无误地处理信号数据，还面临着数据传输复杂度高的挑战，因此，构建稳健的自动化网络传输体系尤为关键。该体系旨在优化数据传输路径，提升信号转化与收发的效率与可靠性，从而确保行车调度指挥的精准执行，最终保障整个城市轨道交通系统的安全、高效运行。

2. 多系统集成的技术可行性

城市轨道交通系统的复杂运行依赖于诸多管理因素的紧密协作。为确保信息数据传输的高效与准确，我们必须深入分析多系统集成功能的应用，特别是其在数据处理与传输中的关键作用。电气自动化技术的应用在这一过程中尤为关键，它不仅促进了多系统集成技术的优化，还通过隔离软件增强了系统间的耦合性，实现了系统功能的分级化管理与集成。这一技术实施确保了轨道交通系统的协调运作，通过分类化存储与集成管理，有效整合了车次规划、数据存储等关键环节的信息，从而提升了轨道交通的整体运行效率与管理水平，实现了系统资源的优化配置与协调管理。

（三）自动化技术

1. 自动监控技术

面对城市轨道交通中车辆数量众多、运行复杂的挑战，自动化监控技术成为关键。该技术整合车辆运行数据与轨道协调信息，确保每一环节尽在掌握。电气自动化技术的引入，不仅实现了对轨道交通运行状态的全面监控，还通过智能调度机制有效分散运行压力，提升了运行安全性。这一结合的核心在于自动化信息软件的高效运作，它如同智慧指挥官，精准编排车次，优化运输方案，最大化轨道交通系统的运输潜力，实现了从人工监控到全自动化的飞跃，让城市轨道交通运行更加高效、安全、有序。

2. 自动驾驶技术

面对日益拥堵的城市交通状况，现代化城市轨道交通系统的建设显得尤为迫切，它成为缓解交通压力的重要途径。其中，自动驾驶技术的兴起预示着城市轨道交通未来发展的新方向。电气自动化技术的融入，为这一转变提供了坚实支撑。通过集成卫星信号感知装置，该技术能够实时捕捉并反馈轨道运行状态至监控系统，实现对城市交通网络的全面监控与管理。这一过程中，不仅确保了自动驾驶系统对城市轨道信号的精准感知与调节，还极大地提升了轨道交通运行的安全性与效率，为乘客提供更加便捷、可靠的出行体验。

3. 现代通信技术

在构建高效、安全的城市轨道交通体系中，通信技术的有效应用与实施占据着举足轻重的地位。为了确保城市轨道交通建设的整体效能得以充分展现，我们需依托电气自动化技术，精准对接并优化现代通信技术在轨道运行中的应用，从而实现对轨道交通运行的实时、精准监控，显著提升运行安全性能。在此基础上，构建城市轨道交通云计算数据处理中心是至关重要的一步，它利用云计算的强大能力，全面记录并分析轨道运行状况，实现数据的即时上传与共享，不仅丰富了信息传输的维度，更促进了数据资源的多元化、高效化利用，为城市轨道交通的智能化、精细化管理奠定了坚实基础。

四、煤矿开采中机械自动化技术的应用

（一）煤矿开采中机械自动化技术应用价值

煤矿开采领域引入机械自动化技术，标志着行业发展的重大飞跃。此技术的应用显著提升了开采效率与作业稳定性，有效缩短了开采周期，同时大幅降低了作业过程中的安全风险。从经济层面看，机械自动化不仅削减了煤矿开采的总体成本，包括直接的生产成本与间接的人力成本，还通过减少事故频发降低了潜在的损失负担。更重要的是，它在源头上对开采事故进行了有效控制，缩小了事故发生的可能范围与影响程度，为矿工提供了更为安全稳定的工作环境。综上所述，煤矿开采中的机械自动化应用不仅是技术进步的自然趋势，更是满足社会安全生产需求的必要之举。

（二）煤矿开采中机械自动化技术的应用实践

在煤矿开采的全流程中，机械自动化技术的应用显著提升了作业效率与安全性。在开采前，该技术通过精确设置勘测设备参数，实现了开采环境的全面自动化勘测，确保了勘测数据的完整性与可靠性，随后自动化处理并立体化呈现勘测数据，为专业人员深入分析施工环境、煤矿结构、地质地貌等提供了坚实基础，从而科学规划开采方案，明确注意事项与难点，为开采作业的稳定进行奠定了基础。

进入开采阶段，机械自动化技术使各类设备如液压支架、采煤机、掘进机等实现了高度自动化与智能化。液压支架通过与控制系统无缝对接，实现了升降自动化，提升了作业可控性与稳定性；采煤机结合计算机控制技术，实现了无线遥控、故障追踪等功能，大幅提高了开采自动化程度与设备运行效率；掘进机则通过配备先进控制系统与辅助体系，实现了环境自动探测与频率自适应调整，确保了开采过程的安全高效与煤炭质量的提升。

至于煤炭输送环节，机械自动化技术的应用极大减少了人力需求，提高了输送效率。自动化输送设备确保了煤炭输送的稳定、高效与低损耗，同时，监控系统与控制系统的全程介入，保障了输送过程的实时监控与问题即时响应，有效避免了输送差错，保护了煤炭质量，实现了从开采到输送的全链条自动化升级。

（三）煤矿开采机械自动化技术的发展探析

当前，煤矿开采中的机械自动化技术正处于快速发展与完善的关键阶段，虽已初

步满足社会对煤矿能源的需求，但面对社会需求的高速增长，该技术必须持续创新，把握时代机遇，加速发展步伐。现阶段，机械自动化技术面临的主要挑战包括操作复杂性及易受外界环境因素（如温湿度变化）干扰，导致数据偏差、控制灵敏度下降，进而影响开采稳定性和效率。因此，提升技术的抗干扰能力、简化操作流程成为技术完善的重点方向。

同时，鉴于采煤环境的动态变化特性，机械自动化技术需向智能化自主完善方向迈进，实现对开采全流程的实时监控与控制，确保过程可控并及时应对问题。智能化采掘技术作为未来趋势，将通过设备与程序的协同工作，提升采掘效率与质量。初期虽面临技术掌握有限等挑战，但通过采集问题数据并融入程序，可降低错误重复率，持续优化开采方案。

井下开采的自动化与智能化亦是重要发展方向，特别是井下机器人的研发与应用。这些机器人能够深入复杂环境，通过影像传输为控制人员提供实时环境信息，辅助制定科学开采方案，减少环境冲击，保障作业安全，提升开采效率与质量。井下机器人的完善，将极大拓宽作业范围，提高高危险性环境下的作业能力，降低成本，增强作业稳定性。

总之，煤矿开采中的机械自动化技术不仅是提升开采效率、降低成本、保障质量的关键，也是推动能源节约与相关产业发展的重要力量。持续研究与发展该技术，明确其趋势与方向，确保与社会发展步伐一致，对于促进煤炭产业乃至整个社会的可持续发展具有重要意义。

五、机械自动化在汽车制造中的应用

（一）机械自动化在汽车制造中的应用优势

在汽车制造领域引入机械自动化技术，不仅显著提升了生产效率，通过减少人工干预，有效节约了人力资本，进而增强了企业的经济效益与竞争力。这一技术的应用还推动了管理模式的革新，实现了自动化管理。面对汽车种类繁多、零部件供应商复杂等管理挑战，机械自动化技术能够细化管理目标，标准化生产流程，促进决策考核的精准化，确保汽车制造流程的有序进行。同时，在生产管理上，该技术助力企业精准规划生产能力与生产周期，实现生产调度与绩效管理的精细化，进一步优化了生产流程。

此外，机械自动化技术在汽车维修与设备调整方面的应用，更是实现了从人工依赖到智能自动化的转变。传统维修中因人员技能差异可能导致的问题得以避免，企业市场竞争力因此增强。智能化机械设备能够自主进行故障检测与维修，一旦发现问题即时发出警报，显著提升了维修效率与准确性，展现了高智能化技术在现代汽车制造与维修中的核心价值。

（二）机械自动化在汽车制造中的发展趋势

随着高智能技术的日益普及，机械自动化在汽车制造业的应用正引领着未来发展的重要趋势。自动化不仅通过集成传感系统、信息处理系统及动力系统，极大地提升了生产效率，为企业创造了显著的经济效益，还解放了人力，减少了操作失误，提升了作业的灵活性与准确性。智能化作为另一大趋势，针对汽车制造中烦琐的工艺与工序要求，强调高精度、高安全性的自动化控制，通过将人工智能技术融入制造流程，解决了复杂难题，显著提升了制造系统的整体效能与智能化水平。

同时，信息化的发展推动机械自动化向全球化、网络化方向迈进，为汽车制造提供了更广泛的信息资源与技术支持，满足了全球设计标准的需求。综上，机械自动化技术在汽车制造中的应用，不仅全面提升了生产能力与产品质量，更凭借其在效率、灵活性及智能化方面的显著优势，有力促进了我国汽车行业的快速发展。展望未来，机械自动化将在汽车制造业中扮演更加核心的角色，成为企业提升行业竞争力的关键要素。

六、自动化控制系统在港口散货装卸设备中的应用

（一）自动化控制系统应用在港口散货装卸设备的必要性

自动化控制系统，作为集大成者的现代化科技，已深入我国多领域，驱动行业可持续发展。国家力推自动化控制系统设备的普及，旨在提升效率，加速各行业现代化进程。随着社会经济蓬勃发展，各行业纷纷转型，采纳现代自动化、智能化控制模式，港口散货装卸领域亦借此东风，迈上发展新台阶。自动化控制系统以其操作便捷、智能高效、信息处理精准等独特优势，在港口散货装卸中大放异彩，显著提高了作业效率，同时缩减人力物力成本，重塑港口装卸作业面貌。

港口散货装卸效率历来备受关注，而高效装卸设备是破局关键。传统人力与简易机械主导的模式，面对煤炭、矿石等大宗货物时，常导致装卸效率低下、船期延误。人工操作的安全与效率高度依赖人员技能，操作不熟练即影响作业流畅度，给企业带来不利影响。为破解此困局，港口纷纷引入自动化控制装卸设备，这些设备依托计算机网络、自动化控制及智能辅助技术，功能强大，为散货装卸的高效、快速流通奠定了坚实基础，构建起一体化综合作业体系。目前，我国港口已装备全自动散货装船机、全自动散货抓斗卸船机及全自动斗轮堆取料机等先进设备，并持续研发更高水平自动化装卸技术，预示着我国港口事业即将迈入高水平发展阶段。

（二）自动化控制系统在港口散货装卸设备中的应用实践

1. 港口散货卸船系统

港口散货卸船作业普遍依赖于全自动抓斗卸船机，该系统凭借先进的激光技术，精准识别船舶位置、舱口位置、舱口高度及舱底深度，实现多目标自动化监测与识别。其工作流程严谨高效：首先，通过标位置扫描系统对船舱进行全面扫描，精确界定舱口边缘，计算舱口尺寸，并将数据上传至总指挥中心，与预设卸船任务比对确认目标船只。随后，标位置扫描系统再次扫描舱内料堆，获取堆形数据，经中央控制室分析后确定最优取料点。接着，中央控制室依据舱口与料堆数据，精准操控大机与抓斗的移动、起降，自动执行卸船任务。为防船舱受损，当自动作业接近安全阈值时，系统转为人工操作，进行精细清仓，确保彻底清理。我国众多港口出于安全考量，广泛采

用此类全自动抓斗卸船机，并配备专职司机，通过脚踏控制确保设备运行，一旦松开即停，有效保护船舱免受损伤，同时保障人员安全。此自动化流程不仅显著提升了卸货效率，还大幅削减了人力成本，为港口码头带来了可观的经济效益。

2. 散货装备自动化扫描和控制技术

在港口散货装卸作业中，实时、精确地监测料堆高度与堆形至关重要，这些数据不仅是后续操作决策的基础，也是优化港口运营效率的关键。数据的采集方式多样，既包括人工目视观察，也依赖于高精度的机械设备测量。为减少外界环境对数据获取的干扰，引入料堆轮廓自动检测技术尤为必要。该技术利用激光测距原理，在斗轮堆取料机上集成定位系统，实现对作业目标的精准检测。具体而言，抓斗卸船自动化扫描控制通过 TPS 内置的偏转镜反射激光束，测量发射与反射光的时间差，精确计算物体与激光器的距离，并连续扫描以构建目标物的三维坐标信息。同样，斗轮堆取自动化扫描控制也依赖于 TPS 进行扫描，收集的数据传输至取料机处理后，结合立体化表面还原算法，详尽呈现料堆的形状、位置等立体图像，为港口作业提供直观、全面的数据支持。

3. 可编程逻辑控制技术在港口除尘方面的应用

针对煤炭港口煤炭堆放引发的扬尘污染问题，传统治理手段如定时高压洒水不仅有效遏制了粉尘扩散，还在高温季节降低了煤堆温度，预防了自燃风险。而引入可编程逻辑控制器（PLC）于港口除尘作业，则进一步提升了治理效率，实现了洒水作业的精准及时调控，减轻了除尘工作负担。PLC 系统凭借其分布式 I/O 架构，强化了上位机对港口作业全貌的监控能力，包括泵房水泵运行状态、系统压力及水池情况等的实时监控，为港口安全高效运行提供了坚实保障。

着眼于港口区域大型机械自动化控制的优化，不仅能有效降低工业运营成本，还显著减轻了港口活动对周边环境的负面影响。为此，我们创新性地提出了一个基于最新技术的抗干扰分析模型，专门应用于港口大型机械电气自动化控制，为机械化发展注入了新活力。结合当前港口自动化进程，我们探讨了 RTG 技术、PLC 及装卸自动化等先进技术在港口大型机械电气自动化中的实践应用，旨在全面加速港口自动化转型，推动其向更加智能、环保的方向发展。

第三节　机械制造业控制系统的安全自动化技术

一、安全控制系统

（一）安全控制系统的概念

安全控制系统在工业生产中占据核心地位，它在车辆行驶、停车过程、工艺扰动应对及日常维护与操作中，为生产装置提供坚实的保护屏障。该系统能够敏锐捕捉并响应各类现场安全信号，如紧急停止指令、安全准入信号、阀门反馈及液位变动等，通过精心设计的逻辑控制单元与输出控制单元，确保生产环境的安全稳定。无论是在机械制造的精密领域，还是在流程化工的广阔天地，安全控制系统都是保障系统顺畅运行不可或缺的关键要素。

安全控制链的构建，依托于输入（传感器）、逻辑处理（控制器）、输出执行（触发装置）三者紧密协作的框架。虽然普通继电器、常规 PLC、标准现场总线或 DCS 等逻辑控制组件在理论上能够实现所需的逻辑输出，但它们本质上并不属于安全专用元器件或系统，因而在执行安全相关控制任务时，可能潜藏着多重安全隐患，如处理器异常、输入输出卡件硬件故障、输入回路短路或触点熔焊、输出元器件故障、输出回路问题及通信错误等。这些隐患一旦被触发，将直接导致安全功能失效，进而可能引发安全事故。

因此，安全控制系统被赋予了更高的标准与要求。它必须能够准确无误地监测并控制安全输入信号，一旦察觉到信号变化或系统内部故障，立即启动应急响应机制，输出正确的控制信号，促使设备安全停车，从而有效遏制危险的发生与事故的蔓延。为了实现这一目标，常见的安全输入设备包括紧急停止装置、安全进入设备（如安全门开关与连锁装置）及安全光电设备（涵盖安全光幕、光栅与扫描仪等）。而在安全逻辑控制层面，我们则广泛采用安全继电器、安全 PLC 及安全总线系统等高度可靠的专用元器件，以确保安全控制链的完整性与有效性。

（二）安全逻辑控制设备

1. 安全继电器

安全继电器，即安全继电器模块，作为安全逻辑控制的核心元件，以其独特的冗余输出控制和自我检测功能而著称。该模块精心设计了两个安全输出触点，这两个触点内部巧妙地串联了两个独立的特殊继电器 K1 和 K2 的常开触点。这一设计确保了即便在 K1 继电器发生故障的紧急情况下，K2 继电器仍能迅速响应，实现安全触点的即时断开，从而有效保障了系统的安全性和稳定性。

更为关键的是，安全继电器模块内置了先进的自检机制，通过精细的内部电路不断监测，能够敏锐地捕捉并识别外部接线故障及内部元器件的任何异常状态。这一自我诊断能力不仅简化了故障排查过程，还显著提升了系统的整体可靠性和维护效率，为用户提供了更加安心、高效的安全控制解决方案。

2. 安全可编程控制器

安全可编程控制器（安全 PLC）的核心优势在于其独特的冗余与多样性控制策略，这一特性从根本上区分了它与传统 PLC。安全 PLC 采用了来自不同生产商的多套中央处理器，构建了多重安全保障体系。当部分处理器遭遇故障时，剩余完好的处理器将立即接管安全任务，通过切断所有安全输出来促使系统安全停机。故障处理器的具体数量阈值依系统配置而定，如 1oo2 系统实行严格的二取一原则，一旦单处理器故障即触发故障安全机制；而 2oo3 系统则展现更高的容错性，仅当双处理器同时失效时方导致系统停机。前者为双重冗余系统，以高安全性为代价换取较低的可用性；后者则为三重冗余系统，兼顾了安全、可用与成本效益。

在信号处理流程中，安全 PLC 全面实施了冗余控制机制。信号从输入端进入，经由多个输入寄存器分流，随后通过各自独立的中央处理器进行并行处理，最终汇聚至多个输出寄存器。这一多通道架构确保了信号状态的全程监控与比对，一旦发现任何不一致，系统将依据预设逻辑进入故障安全模式或启动故障检测程序。

为进一步强化输入回路的可靠性，安全 PLC 支持双通道物理接线，同时内置安全测试脉冲功能，用于实时检测输入通道状态。在输出环节，安全 PLC 同样采用冗余与多样性设计，通过基极信号切断与集电极电源切断的双重手段，确保输出控制的安全无虞。即便其中一种方式失效，另一种也能独立承担安全任务，加之内部检测脉冲的辅助，构成了严密的输出保护网。

安全 PLC 对处理速度有着严苛的要求，其扫描时间需控制在每千条指令 1 毫秒以下，这不仅满足了紧急停车的即时性需求，还确保了系统能够在极短时间内完成全面的自我安全检查。

在软件层面，安全 PLC 强调编程环境的可靠性与校验手段的有效性，通过集成经过认证的 MBS 安全标准功能块，为编程人员提供了便捷、安全的编程工具。这些功能块经过严格加密处理，不可篡改，用户只需根据实际需求配置输入输出参数与中间变量，即可轻松实现安全功能的定制化编程。MBS 功能块广泛覆盖了机械制造与流程化工两大领域的安全控制需求，为各类工业应用提供了坚实的安全保障。

3. 安全总线控制系统

安全现场总线系统是以安全 PLC、安全输入输出模块、安全总线构成一套离散式控制系统。硬件和通信的安全可靠是安全总线控制系统的可靠性判断依据。在硬件上，安全总线系统的模块都采用了冗余、高速的可靠元器件。

二、安全总线系统分析

（一）现场总线概述

1. 现场总线的发展

在计算机控制系统的初期发展阶段，为降低成本，我们常采用一台小型机来集中控制多达几十条的控制回路。然而，这种集中控制模式存在一个显著弊端：一旦计算机出现故障，将导致所有控制回路全面瘫痪，系统风险高度集中。为了应对这一挑战，分布式控制系统（DCS）应运而生，它通过将控制权分散到多台微机中，并利用局域网将这些微机紧密连接成一个协同工作的整体系统。DCS 的出现，在一定程度上缓解了集中控制的风险问题，并沿用了二十余年之久，其间其优势与不足均得到了充分展现。

尽管如此，DCS 在可靠性方面仍面临严峻考验。具体而言，单台微机的故障会直接导致其管理下的所有功能失效，而 A/D 板上单个模/数转换器的损坏也会波及该板上的所有通道，使得系统可靠性大打折扣。为了弥补这一缺陷，业界曾尝试采用双机双 I/O 等冗余设计策略，尽管这在一定程度上提升了系统的容错能力，但同时也带来了成本上升和系统复杂度增加的新问题。

为了彻底解决系统可靠性、成本控制与系统复杂度之间的固有矛盾，并更好地满足用户对系统开放性和互操作性的迫切需求，现场总线控制系统技术应运而生并迅速发展壮大。这一新型控制技术旨在通过网络化手段，将控制系统推向一个新的高度，实现更加灵活、高效、可靠的控制解决方案。

2. 现场总线系统的概念

现场总线，作为一种开放、全数字化、双向且支持多站通信的系统，其核心在于连接现场电器、仪表及设备与控制室主机系统，实现高效的数据交换。这一标准不仅定义了控制系统中现场设备间的数据交换规则，还灵活支持电线电缆、光纤、电话线乃至无线电等多种传输介质，以适应不同的工业环境需求。

从实际应用层面来看，现场总线技术是对传统控制系统接线方式的一次革新。传统方式下，PLC 通过大量的并联接线控制各电器元件，每个元件对应一个 I/O 口，且需双线连接以实现控制与电源供给，这种方式在设备数量激增时，不仅布线复杂，易于出错，还极大地增加了施工与维护的难度。现场总线技术的引入，旨在简化这一过程，通过将众多导线整合为单一总线，实现所有设备间数据与信号的集中传输，同时赋予设备间通信与控制的高度灵活性。这根集大成者的线，正如计算机内部的总线一般，承担起连接与通信的重任，只不过它的应用场景转移到了工矿现场，因此得名“现场总线”。

3. 现场总线的特点

现场总线技术以其独特的串行数据传输与连接方式，彻底颠覆了传统的并联信号传输模式，实现了控制层与现场总线设备层之间高效、有序的数据流动。这一革新不仅确保了数据传输的实时性，更在信息的可靠性与开放性上树立了新的标杆。具体而言，现场总线技术展现出几大鲜明特点：

首先，布线方式的简化是其最为直观的优势。通过最小化布线与最大化网络拓扑的设计，现场总线大幅降低了系统的接线成本与维护负担。其采用的串行通信方式，使得双绞线成为主流传输介质，部分总线甚至能在信号线上直接加载电源，这种简洁的布线方案为用户带来了前所未有的便利与清晰感。

其次，开放性是现场总线不可或缺的特质。这一开放性体现在两个方面：一是应用层面的开放，即总线能够轻松接入不同类型的控制系统，实现跨平台的兼容与协作；二是通信规约的开放，为开发者提供了广阔的创新空间，使得现场总线既能保留传统总线的成本优势，又能满足现代控制系统对网络化与系统化的高标准要求。

再次，实时性是现场总线技术的重要性能指标。为了满足现场控制与数据采集的即时性需求，现场总线在确保数据可靠性与完整性的前提下，追求更高的传输速率与传输效率。值得注意的是，传输速度的提升并非单纯依赖于速率的增加，传输效率同样至关重要，它关乎于有效用户数据在传输帧中的占比及成功传输帧的比例。

最后，可靠性是现场总线赢得市场信赖的关键所在。强大的抗干扰能力与故障诊断机制，使得现场总线在遭遇系统故障时能够迅速定位问题所在，保护网络免受进一步损害，并加速故障节点的修复或更换过程。这种可靠性源自总线所采用的物理传输媒介与软件协议的综合优化，不同总线之间在诊断能力与处理策略上展现出各自的独特优势。

4. 现场总线的应用领域

现场总线技术展现出多样化的格局，据统计，目前全球范围内已有超过 40 种不同的现场总线标准并存。这一现象的背后，既源于工业技术的飞速进步，促使现场总线技术在多样化的技术土壤中迅速成长并普及，但普及的深度与广度却因技术侧重点的不同而各异；又由于工业控制领域的特殊性——“高度分散、难以形成垄断”，这一领域融合了多学科、多技术的交叉特性，使得某一领域成功应用的总线技术难以直接复制到其他领域。

在控制系统的金字塔结构中，现场总线主要聚焦于最底端的两个逻辑层次——现场级与操作器及传感器级，以及与之对应的物理设备层次中的传感器、操作器、小型PLC和工业控制机等。这一层次划分明确了现场总线在不同系统架构中的定位与应用范围。随着设备复杂度的提升，从简单传感器到大型PLC、DCS监控机，现场总线的应用范围逐渐扩展，其承载的数据通信量也随之增大，设备功能愈发复杂。

通信数据传输方式方面，现场总线技术涵盖了从基础的二进制位传输，到高效的8位及以上字传输、128位及以上的帧传输，乃至支持大数据量传输的文件传输等多种模式，满足了不同应用场景下的需求。

当前，现场总线技术已广泛应用于冶金、电力、水处理、乳品饮料、烟草、水泥、石化、矿山等多个传统行业，同时也在道路无人监控、楼宇自动化、智能家居等新兴领域展现出巨大的应用潜力。

（二）安全现场总线研究

1. 安全现场总线概述

安全控制系统的核心架构由传感器、逻辑控制元件及触发装置紧密联结而成，共同编织成一条坚不可摧的安全链。在这一链条中，逻辑控制元件无疑扮演着最为核心与复杂的角色，它如同系统的心脏与大脑，负责接收来自传感器的多样化信号，随后在内部执行一系列精密的逻辑运算，最终实现对触发装置的精准与可靠控制。

安全控制领域的逻辑控制元件演进至今，已涵盖了安全继电器、安全PLC及安全总线系统等多种形态。安全继电器作为早期代表，主要聚焦于单一信号的接收与判断，以直接控制外部设备。而安全PLC与安全总线系统的兴起，则标志着20世纪90年代末以来工业控制领域的深刻变革。安全总线系统依托于安全PLC作为硬件基石，通过电缆或光纤等高效通信媒介，实现了远程I/O信号的稳定采集与输入输出控制，进一步提升了系统的集成度与灵活性。

进入20世纪末，随着可编程安全控制系统的诞生，安全总线通信技术迅速在工业自动化领域铺展开来。一个完备的安全现场总线系统，必然集成了可编程安全控制系统、远程安全输入输出模块、物理通信介质及严谨的通信协议。这一系统内的通信活动主要聚焦于可编程安全控制系统与远程模块之间，其高效、可靠的通信机制对于确保受控负载始终处于明确定义状态至关重要，任何通信中的未诊断错误都可能引发灾难性后果。

在安全现场总线技术的演进历程中，Safety BUS p作为先驱者，率先引入了通信协议的概念。随着系统规模的不断扩大，众多制造商纷纷推出专有的通信协议，以支持更为广泛的安全现场总线通信需求。这些协议能够兼容多种类型的安全传感输入设备，包括但不限于紧急停止按钮、安全光幕/光栅、安全门限位开关、激光扫描仪、双手控制按钮及安全地毯等，极大地丰富了安全控制系统的应用场景。目前，Safety BUS p、Profisafe 及 Device Net Safety 等安全现场总线技术，已在工业自动化领域得到广泛应用，成为保障生产安全不可或缺的重要组成部分。

2. 基于现场总线的安全控制系统的安全要求

在机械制造领域的现场总线安全控制系统中，失效—安全原则被视为一项至关重要的设计准则。这一原则不仅要求在设备（如传感器、电缆、控制器、触发器等）遭遇故障、错误或失效时，能够自动导向安全状态以减轻或避免潜在损失，从而保障人员与机器的双重安全；而且从广义上理解，它还应包含维护系统安全状态的有效手段。

基于失效—安全原则，我们对现场总线通信提出了以下几项关键安全要求：

现场总线的生存性：此指标衡量了现场总线在面临随机性破坏（如节点与链路自然失效）时的可靠性，确保在任何情况下都能维持连通性，以保障安全信息的持续传输。当总线介质因物理原因受损导致信息无法传递时，系统需迅速采取应急措施（如紧急停车），以维持安全状态。

安全信息传输的完整性：即便在总线系统自身故障或外部干扰的影响下，也必须确保安全信息能够以极高的准确率从源头传输至目的地，不容有失。

安全信息传输的实时性：为满足实时性要求，现场总线需在有限且可预测的时间内完成安全信息的无误传输。这要求系统设置合理的通信时间上限，确保每个节点都能在公平的时间间隔内获得通信权，同时优先处理紧急任务和高实时性要求的节点，以保障整体系统的响应速度。

安全性信息传输的可测性：现场总线需具备高效的故障检测与校正能力，能在有限时间内识别并报告崩溃、遗漏、瑕疵或超时等异常情况，若无法即时修复，则应立即向主机报告，以便采取进一步的安全措施。这一特性是保障安全信息完整性与实时性传输的重要基石。

3. 数据安全的常用原则

现场总线系统为了确保数据传输的安全与可靠，采用了多种创新的故障检测与数据冗余策略。其中，通过发送器的故障检测和重复发送机制已成为一种标准化做法，其有效提升了通信过程的安全性。具体而言，这些策略包括但不限于以下几种方法：

首先，最为基础且直接的故障安全原则是为每一个传输的字符附加一个校验位。这种简单的校验机制能够迅速识别并纠正数据在传输过程中可能发生的错误，为数据的安全性提供初步保障。

其次，利用冗余循环校验码（CRC）技术进一步增强了数据的保护力度。例如，在 Profbue 等先进系统中，CRC 被广泛应用于数据包的校验过程中，通过对数据块进行多项式除法运算并附加校验码，接收端能够验证数据的完整性与正确性，从而确保数据传输的安全性。

此外，循环的测试顺序也是现场总线系统中常用的一种故障检测手段。在 Safety BUS p、INTERBUS 及 CAN 等系统中，通过定期或按需执行特定的测试序列，可以实时监测总线状态并发现潜在的通信故障。这种主动的检测方式有助于提前发现并解决问题，避免故障对系统正常运行造成影响。

最后，除了上述提到的具体方法外，现场总线系统还采用了其他多种故障检测与监控措施。以 Safety BUSp、AS1 及 CAN 等为例，这些系统通过集成复杂的监控算法和传感器网络，能够实时监测总线性能、识别异常行为，并在必要时触发报警或采取其他补救措施。这些措施共同构成了现场总线系统强大的故障检测与数据安全防护体系。

4. Safety BUS p 安全现场总线特点

Safety BUS p 作为一种开放的安全现场总线系统，其独特之处在于能够无缝集成来自不同元器件生产厂家的产品，形成了一个兼容并蓄的生态体系。在国际层面，Safety BUS p 俱乐部扮演着至关重要的角色，为元器件制造商提供必要的认证与技术支持，进一步推动了该系统的广泛应用与标准化进程。

（1）Safety BUS p 参考模型

Safety BUS p 根植于 CAN 总线技术，充分利用了 CAN 的卓越特性，如强大的错误检测机制（包括五种错误检测方式）、短帧结构及高可靠性。在 OSI 参考模型中，Safety BUS p 主要聚焦于物理层、数据链路层和应用层，特别是深度定制了第七层，确保了数据传输的安全性与高效性。

（2）Safety BUS p 的传输特征

采用 3 芯屏蔽双绞线作为传输介质，Safety BUS p 继承了 CAN 总线的诸多优势，如多主站访问、基于优先权的无破坏性仲裁、远程数据请求、配置灵活性及强大的错误检测与信号重发功能。这些特性共同支撑起 Safety BUS p 在复杂工业环境中的可靠运行，其最长传输距离可达 3.4 千米，最高传输速率可达 500 kBits，支持多达 8064 个 I/O 点，单条总线可控制 64 个从站及 32 个组群。

（3）Safety BUS p 同步传输技术

在通信领域，同步传输以其高效性与低开销著称。Safety BUS p 采用同步传输技术，通过数据帧的形式批量发送数据，显著提升了传输效率。帧结构包含同步字符、数据域、CRC 校验域及结束标记等关键部分，确保了数据在收发双方之间的精确同步与完整传输。

（4）Safety BUS p 多主站协议

Safety BUS p 采用了事件驱动的非破坏性总线仲裁多主站协议，遵循信息优先的通信原则。在总线访问模式上，相较于主从原则与令牌传递，Safety BUS p 的多主站结构更加灵活高效，通过 CSMA/CA 机制有效避免了总线冲突，实现了信息的高优先级无损失传输。

（5）Safety BUS p 总线仲裁机制

基于 CAN 总线的 Safety BUS p，其通信介质访问采用带优先级的 CSMA/CA 方式。在网络通信中，任意节点均可主动发起通信，通过逐位仲裁规则确保高优先级信息的优先传输。利用显性/隐性位等级进行仲裁，当冲突发生时，低优先级节点自动停止发送，高优先级节点继续传输，从而实现了资源的合理分配与高效利用。

综上所述，Safety BUS p 以其开放性、兼容性、高可靠性及高效同步传输技术，在机械制造及工业控制领域展现出了巨大的应用潜力与价值。

5. Safety BUS p 安全措施

在 Safety BUS p 总线系统中，尽管其通信媒介采用了单通道设计，但为了确保通信的安全可靠性，该系统采取了一系列精心设计的措施。首先，从硬件层面来看，Safety BUS p 强调冗余与多样性，不仅安全相关的主站和从站采用了这种构架，而且其核心逻辑设备——PSS W 编程安全控制系统也集成了冗余、多样的处理器。这些处理器分工明确，其中处理器 A 负责处理包括安全部分及非安全部分在内的全面程序，而处理器 B 和 C 则专注于安全相关部分的程序执行，有效实现了安全控制与非安全控制的物理与逻辑隔离。

PSS 可编程安全控制器作为 Safety BUS p 系统的核心，其内部的多处理器架构确保了高安全标准。以 1003 系统为例，该控制器配备了来自不同厂家的三个处理器，其中处理器 A 以其高效能同时处理安全及非安全程序，特别是促进了安全系统与非安全系统之间的信息交换（如通过 Profibus）。而处理器 B 和 C 则专注于安全程序，这种分工合作显著提升了系统的整体安全性能。

在远程 I/O 设备方面，Safety BUS p 系统同样注重冗余设计。特制的 PSS SB CHIPSET 芯片集成了 Chip A 和 Chip B 两种异构芯片，通过 Multifunctional Port 实现与应用层的冗余连接，确保了数据交换的可靠性。此外，这些芯片还具备自我安全检测功能，能在检测到传输错误时立即触发 I/O 组群的安全停机，从而迅速切断潜在的风险源。

除了硬件层面的冗余与多样性外，Safety BUS p 总线系统在通信协议上也采取了多项安全措施。CRC 冗余循环校验用于验证数据传输的完整性与正确性；Echo 模式通过数据回传机制增强了通信的可靠性；连接检测与地址检测则分别用于监控总线连接状态及验证设备地址的有效性，进一步提升了系统的稳定性与安全性。这些措施共同构成了 Safety BUS p 总线系统全面而有效的安全防护体系。

三、安全控制系统的实现

（一）Safety BUS p 的硬件平台

在 Safety BUS p 总线架构中，定义了三种关键节点角色：管理设备、逻辑设备及 I/O 设备，这些节点共同构成了 PSS 可编程安全系统的核心组成部分。PSS 系统，作为一种采用冗余设计的 PLC 系统，其核心在于其由三个独立处理器构成的 CPU 单元，旨在通过模块化或紧凑型架构提供高度可靠的安全控制。

1. Safety BUS p 管理设备

作为 Safety BUS p 系统的中枢，管理设备不仅负责建立和维护总线通信，设定通信速率，还通过组态工具全面配置总线上的所有节点。其核心职责包括监控总线连接状态、启动 I/O 组群、管理故障错误堆栈、准备诊断信息及分配 I/O 设备地址。在 PSS 系列中，如 PSS SB 3006－3 DP 或 PSS SB 3000/3100 等设备，常作为管理设备使用，确保整个总线系统的有序运行。

2. Safety BUS p 逻辑设备

逻辑设备在 Safety BUS p 系统中扮演着信息处理与控制的核心角色。作为总线上的一个关键节点，它负责监控分配给本设备的 I/O 设备连接状态，评估来自 I/O 组群的输入信息，执行复杂的逻辑处理任务，并最终控制相应 I/O 组群的输出，至少需要一个逻辑设备在系统中以执行必要的控制逻辑，确保安全功能的实现。

3. Safety BUS p I/O 设备

I/O 设备作为总线系统的从站，直接关联到现场传感器和触发装置，负责物理信号的输入与输出。这些设备可以是物理模块，如数字输入模块（如光幕）或数字输出模块（如阀门），也可以是虚拟的输入/输出，由智能控制器（如 PSS）通过软件应用程序动态管理。在虚拟 I/O 场景中，逻辑设备通过读写智能控制器内存区域（如 PSS 的数据块）来间接控制这些虚拟点，从而实现对现场设备的远程监控与操作。无论是物理还是虚拟形式，I/O 设备都是实现现场与控制系统间数据交互不可或缺的一环。

（二）Win pro 编程软件

Win pro，作为 Pilz 公司专为 PSS&Safety BUS p 安全系统量身打造的编程软件，集成了安全与非安全相关部分的全面编程能力，同时涵盖网络组态、地址分配、系统配置及高级诊断功能于一体。鉴于安全编程的特殊性，Win pro 精心设计了两套独立的编程界面：灰色界面专为非安全相关编程而设，而黄色界面则严格用于安全相关应用的编程，且进入该界面需通过密码验证，确保安全编程环境的纯净性。两者虽相互独立，但可通过特制变量实现必要的数据交换，确保系统整体的协调运行。

在编程语言的支持上，Win pro 展现了高度的灵活性与专业性，提供了语句表、梯形图及功能块图等多种编程范式，满足不同编程习惯与项目需求。其程序结构严谨，由组织结构块/主系统块、程序块、用户定义功能块、数据块及标准功能块等核心组件构成。特别值得一提的是 SB 标准功能块，这些经过严格安全认证的功能块专为安全编程而开发，如 SB61 紧急停止按钮功能块，其内部已预编译完成输入参数（如功能块序号、复位信号、按钮地址、复位设定等）与输出参数之间的逻辑关系，编程人员仅需简单配置相关参数与地址，即可轻松实现安全功能的编程，极大地降低了编程难度，同时确保了安全功能实现的一致性与可靠性。这样的设计不仅提升了编程效率，也有效保障了不同编程人员在处理安全功能时的编程安全性。

（三）Safety BUS p 的网络组态

在 Win pro 平台上，利用 Safety BUS p Configuration 工具对网络进行组态变得极为便捷。组态过程涵盖了几个关键步骤，确保了系统的高效配置与稳定运行：

选择硬件模块：用户需要从提供的设备列表中挑选出所需的管理设备和 I/O 设备。这些设备构成了 Safety BUS p 网络的基础架构。

地址分配：其为每个选中的设备进行地址设定。根据 Safety BUS p 的标准规范，地址范围限定在 32 至 95，其中地址 32 被指定给管理设备。对于 I/O 设备，用户可以在 33 至 95 的范围内灵活分配不同的地址，以确保每个设备在网络中具有唯一的标识符。

组群分配：为了提高系统的可用性和容错能力，Safety BUS p 支持组群分配功能。在这一步骤中，用户可以将不同的设备划分到最多 64 个组群之中。这种分组策略确保了当某个组群内的设备发生故障时，其影响范围被限制在该组群内部，不会波及其他正常工作的组群，从而保障了整个系统的稳定性和连续性。

网络参数设定：用户还需要配置一系列网络参数，包括但不限于通信速率、事件响应时间及循环检测时间等。这些参数的合理设置对于优化网络性能、确保数据传输的实时性和可靠性至关重要。通过精细调整这些参数，用户可以根据具体的应用场景和需求，定制出最适合自己网络环境的配置方案。

四、安全自动化技术应用

（一）安全自动化技术在汽车制造业的应用

1. 紧急停止装置

在压机生产线中，为迅速应对直接或潜在的危险情境，确保每个操作台与现场电箱均装备有紧急停止功能至关重要。此功能通过单个或多个紧急停止装置实现，旨在作为机器设备安全保护体系的附加层，而非替代必要的安全保护装置或自动安全机制。紧急停止装置的设计与应用需严格遵循 EN418 标准，强调控制装置与紧急停止信号触发间的紧密联动，并防止意外解锁，确保安全性。

特别重要的是，紧急停止装置需满足特定技术要求：一旦紧急停止命令发出，控制装置的操动头必须依靠内置机械结构自动移至切断位置，这要求装置内部配备弹簧机构，能在达到压力点后自动锁定，而非依赖内部升起动作实现锁定。此设计旨在防止机器设备在控制过程中被无意重启，传统控制装置因缺乏锁定机制，易因误触启动按钮而导致危险重启，紧急停止设备的安全触点无法持续保持断开状态。

除颜色、形状标准化外，紧急停止装置还需遵循以下规范：其一，控制装置及其驱动元件应采用明确的机械动作原理；其二，驱动元件动作后，我们必须能立即消除或显著降低机器设备的危险动作；其三，紧急停止命令信号发出时，控制装置应自动锁定于停止状态，即便驱动元件复位，紧急停止信号亦保持有效，直至控制装置被明确复位（解锁），同时，未发出紧急停止命令时，控制装置不得处于锁定状态，且紧急停止信号的生成在控制装置故障时应具有优先权；其四，在控制装置激活期间，由紧急停止命令维持的机器安全状态不得被意外改变，以确保持续的安全防护。

2. 安全门防护设备

为了确保压机操作环境的安全性，防止工作人员在压机运行期间误入危险区域，安装可移动的防护门是一项广泛采用的措施。在设计此类防护门时，核心在于确保在压机或机械自动化设备的危险运动彻底停止且所有危险因素消除之前，防护门必须保持关闭且有效锁定状态。为实现这一目标，安全门开关与电磁开关锁成了关键组件，它们共同监控防护门的位置并确保其锁紧。

这两种装置的核心优势在于其独特的分离式操动件设计，它充当了安全控制的关键环节。安全门开关与电磁开关锁的应用需严格遵循以下原则：首先，确保防护门一旦开启，压机或自动化设备立即停止所有危险动作；其次，对于安全门开关而言，若在运行过程中尝试开启防护门，必须触发停机机制；再次，电磁开关锁则要求防护门在压机非危险状态下保持锁定，直至条件安全；最后，无论是哪种情况，单纯关闭防护门均不应直接启动任何危险动作。

在压机领域，安全电磁开关锁因其具备的安全锁定与延时解锁功能而备受青睐。这类开关锁分为弹簧力锁定与电磁力锁定两种工作模式。弹簧力锁定模式通过内部弹簧实现自然锁定，电磁线圈通电时产生电磁力解锁，确保在无电状态下防护门始终安全锁定，其安全弹簧设计有效防止了弹簧失效的风险。相比之下，电磁力锁定模式虽存在，但在实际应用中较为局限，因其在断电后依赖弹簧复位解锁，可能不如弹簧力锁定模式稳定可靠。因此，在冲压生产线等高风险作业环境中，我们普遍倾向于采用弹簧力锁定的电磁开关锁，以最大限度地保障人员安全。

3. 双手控制设备

在压机操作中，为确保手动冲压过程的安全性，每台压机必须至少配备一套双手控制装置。作为电敏式安全保护装置的核心组件，双手控制装置的设计原理在于强制操作人员同时使用双手进行操作，从而将其固定在安全位置，有效防止因单手操作或误触导致的意外伤害。这种装置不仅是安全生产的必备要素，更对双手动作的同步性提出了严格要求，确保在启动或维持机器运转期间，只要危险动作未终止，操作人员的双手便无法离开预设的安全区域。

根据安全保护等级的不同，双手控制器分为三种类型：类型 1 装置要求双手必须同时操作，且在整个危险动作持续期间均需保持这一状态，一旦任一控制装置被释放，危险动作即刻停止；类型 2 装置在此基础上更进一步，规定当双手同时释放控制装置后，机器的再次启动必须执行重启程序；而类型 3 装置则最为严格，它除了满足类型 1 和 2 的所有要求外，还特别强调两个控制操作装置的动作必须在 0. 5 秒或更短的时间内同步完成，若超过此时间间隔，则必须重置两个控制装置并重新启动机器，以确保操作过程的高度安全性和精确性。

4. 安全光幕/光栅

在冲压生产线环境中，安全光幕与光栅的应用是确保换模区域及压机区域人员安全的关键措施。特别是在自动换模过程中，我们必须严格防止人员进入潜在的危险区域。鉴于模具常放置于压机线外的开放空间，安全光栅成为实施有效安全防护的理想选择。此外，在压机与机械手的交互区域，安全光幕的部署同样不可或缺，它能确保在机械手作业或人员进入压机内部时，压机自动暂停冲压动作，从而避免意外伤害。

安全光幕与光栅代表了现代工业安全防护技术的尖端水平，它们相比传统的防护手段如机械栅栏、滑动门及回拉限制等，展现出更高的灵活性与自由度。其工作原理基于光电发射器发射出同步平行的红外光束阵列，这些光束由对应的接收单元精准捕捉。一旦有不透明物体侵入检测区域，阻断任何一束或多束红外光，光栅内置的控制逻辑会立即触发目标设备的紧急停机机制。

发射装置内集成的发光二极管在光栅的定时逻辑控制下，发射出人眼不可见的红外脉冲信号，这些信号按照预设的特定频率逐一被激活，形成有序的光束序列。接收单元则配备了高度敏感的光电晶体管及支持电路，专门设计用于识别并响应这些特定频率的脉冲，有效排除了外界光源的潜在干扰，极大地增强了系统的安全性与可靠性。

此外，安全光幕/光栅的控制逻辑、用户操作界面及诊断指示器可以灵活配置，既可独立集成于附件中，也可与接收电路系统整合于同一机架，为用户提供便捷的操作体验与全面的状态监控功能。

5. 安全控制设备

在大型冲压生产线的广阔场景中，一条典型生产线往往延展至约40米长、8米宽，地面高度可达10米，地下深度亦有6.5米，其间密布着各类现场输入输出设备。为有效管理这一复杂环境，控制系统核心——电柜，被巧妙地安置于冲压线旁，矗立于6～10米高的平台上。安全传感装置则如同忠诚的哨兵，遍布生产线的每一个角落，时刻监视着潜在的风险。

鉴于冲压生产线对安全功能的多样化需求及逻辑控制的复杂性，传统的安全继电器硬接线方式显得力不从心，而离散分布的传感装置也使得集中式模块化安全PLC方案面临电缆冗长、故障诊断复杂等挑战。因此，现场安全总线技术应运而生，成为冲压生产线的理想安全解决方案。

具体实践中，每台压机均配备了一套Safety BUS p安全总线系统，该系统以紧凑型安全PLC PSS SB 3006－3 ETH2为主站，通过Safety BUS p总线实现对远程安全I/O PSSu的精准控制。主站PLC稳固安装于主控电柜内，而远程I/O模块则灵活部署于现场电控箱内，就近接入安全传感与触发装置，大大缩短了控制回路，提升了响应速度。各安全总线系统间通过网桥无缝连接，构建起一个高效、可靠的安全自动化控制网络。此外，PSS SB 3006－3 ETH2还支持以太网通信，轻松与工艺控制系统或上位机系统交互诊断信息，为现场故障排查提供了极大便利。

这一创新的安全解决方案已在大众、宝马等国内众多知名汽车生产企业的冲压车间中得到广泛应用，验证了其在提升生产效率、保障作业安全方面的卓越表现。

（二）安全自动化技术在风力发电机组制造业的应用

依据欧盟机械指令的规定，风力发电机组被明确归类为机械设备，其运行过程中潜藏着对维修人员、安装工人及周边公众的安全威胁，同时，机组自身的设备损坏也可能导致巨额经济损失。因此，确保风力发电机组的安全运行，通过实施一系列风险降低措施显得尤为关键。

电气控制系统作为风力发电机组的技术核心，不仅是保障风机稳定运行与效率优化的基石，还细分为两大关键组成部分：控制系统与安全系统。这两者在功能与设计理念上截然不同。控制系统专注于依据实时获取的风力及环境数据，精准调节机组运行状态，维持其在最优工作区间内运行。而安全系统则扮演着更为关键的角色，它在逻辑层面上凌驾于控制系统之上，一旦检测到任何超出安全阈值的情况，或控制系统无法维持机组安全运行，安全系统将立即介入，强制机组进入安全状态，确保人员与设备的安全。在任何情况下，安全系统的指令均享有最高优先级，控制系统需无条件服从。

触发安全系统启动的情境包括但不限于：控制系统功能失效、机组超速、异常振动、机舱偏航导致的电缆过度扭曲、发动机故障（如功率异常、短路、过热）、电网中断或负载丧失时关机机制失效，以及紧急停止按钮被激活等紧急状况。

为实现上述安全目标，业界普遍采用两种安全解决方案：一是独立的安全控制系统，即安全链，它通过物理分离的设计确保安全功能的绝对独立性；二是集成的安全控制系统，该方案则将安全功能深度融入整体控制架构中，通过软件逻辑与硬件冗余等手段，同样达到高效可靠的安全防护效果。

1. 独立的安全控制系统

本解决方案巧妙地将控制系统与安全系统彻底分离，确保两者在物理层面上的独立性。控制系统依托 Mita 的 WP 4000 控制器，专注于风机运行的核心控制任务；而安全系统则采纳了 Pilz 的 PNOZmulti 模块化安全继电器，专责风机运行中的各项安全关键环节。PNOZmulti 作为逻辑核心，汇聚了来自紧急停止按钮、临界转速传感器、振动开关、功率监控、变桨与风机控制系统状态、扭缆开关及发动机绕组温度等多重安全相关信号。经过精密的内部逻辑运算后，PNOZmulti 即时发出指令，操控断网接触器、刹车机制、变桨及偏航系统等，迅速将风机置于安全状态，有效防范潜在风险。

传统的紧凑型安全继电器虽成本较低，却面临硬接线逻辑复杂、故障排查难度大的挑战。PNOZmulti 以其模块化设计脱颖而出，内置冗余逻辑芯片与输出电路，遵循失效安全原则，确保了系统的稳健性。其主模块标配 20 输入 6 输出，灵活支持输入输出模块的扩展，以应对更多安全 I/O 需求。此外，主模块还能集成 Profibus、Ethernet 等总线通信模块，无缝对接控制系统，实现数据交互。通过 RS 232 接口，用户可轻松采用直观的功能块图进行编程，摒弃了传统 PLC 编程的烦琐语句，极大地简化了编程流程，加速了逻辑功能的实现。

综上所述，该解决方案凭借低成本、编程便捷、逻辑实现高效及与控制系统无缝对接等优势，完美契合风力发电机组对安全系统的严苛要求，实现了标准控制功能与安全防护功能的清晰划分与高效协同。

2. 集成的安全控制系统和标准控制系统

此集成化解决方案巧妙地将安全控制系统融入标准控制系统框架内，实现了以单一系统和总线架构同时承载标准操作与安全防护的双重功能。以 Bechhoff 基于 PC 的控制系统为例，其核心在于塔基部署的一台搭载 TwinCAT 自动化软件的 CX1020 嵌入式 PC，该平台不仅拥有标准的 USB、DVI 及 Ethernet TCP/IP 接口，还特别配备了 CAN 总线接口，专用于与变频器的高效通信。对于其他传感器与执行器的连接，则通过 Ether CAT 这一高速总线系统完成，确保了数据传输的快速与准确。

尤为值得一提的是，独立的变桨系统也通过 PROFIBUS 主站总线模块无缝集成至 Ether CAT I/O 系统之中，进一步强化了系统的整体性与协调性。更令人称道的是，机舱及塔基内的安全关键传感器与执行器，借助 Twin SAFE 技术直接整合至 Ether CAT 体系内，彻底摒弃了传统上需额外配置的安全控制系统与安全总线系统，大大简化了系统架构，降低了维护成本。

总而言之，该方案的核心优势在于：第一，实现了安全功能与控制功能的深度融合，单一平台即可满足所有安全与非安全控制需求；第二，编程环境统一，安全与非安全功能遵循 IEC 61131 -3 标准，在同一界面中完成编程，提升了开发效率与便捷性；第三，Ether CAT 总线作为安全与非安全通信的共通媒介，一根总线承载所有，简化了布线复杂度，增强了系统的可靠性与灵活性。

第二章　机械制造自动化

第一节　机械制造自动化的概念

一、机械制造自动化的基本概念

（一）机械化与自动化

人的生产活动涵盖了体力劳动与脑力劳动两大范畴，其中体力劳动进一步细分为基本的和辅助的两种类型。基本体力劳动聚焦于直接改变生产对象的物理属性，如形态、性能及位置；而辅助体力劳动则服务于基本劳动，涉及检验、工件装夹、机器操作等辅助任务。脑力劳动则侧重于决策层面，包括确定加工策略、规划工作流程、评估加工精度、选定切削参数及执行设计和技术管理等。

机械化是这一过程的重要里程碑，它标志着机械及其驱动装置开始取代人力执行繁重的基本劳动任务，如自动走刀替代手动操作，或机械运输取代人力搬运，构建了一个人机协作的机械化生产系统。随着技术进步，自动化进一步推进了这一变革，不仅基本劳动被机器全面接管，连辅助劳动如工件装卸、检验及部分脑力劳动（如通过自动控制系统或计算机）也实现了自动化。这种从基本劳动到辅助劳动乃至部分脑力劳动的全面机械化与自动化，促成了特定加工工艺的自动化生产线，即工艺过程自动化。

当这一趋势扩展至整个产品制造流程，即每个工艺环节均实现自动化且各环节间无缝衔接，形成从原材料到成品的全程无人干预生产时，便达到了制造过程自动化的境界。而机械制造自动化的终极形态，则是自动化车间乃至自动化工厂，标志着生产效率与智能化水平的飞跃。

（二）制造与制造系统

制造业作为全球经济活动的基石，是推动人类历史演进与文明跃升的不竭动力。它深刻体现了人类运用智慧与技艺，依据市场脉动，通过手工操作或借助先进工具，运用高效的工艺手段与能源，将原材料精妙转化为具有市场价值的产品，并成功推向消费市场的综合过程。这一过程，从微观视角审视，即制造企业的核心生产环节，一个精心设计的输入输出体系：输入端汇聚各类生产要素，经过精心组织与转化，输出端则涌现出满足社会需求、富含使用价值的产品。

制造的概念横跨广狭两域。狭义而言，它聚焦于生产车间的核心地带，特指与物料流动紧密相关的加工与装配流程，此框架下的系统被界定为狭义制造系统。而广义制造的概念则更为宽泛深远，它囊括了从市场趋势洞察、战略决策制定、产品设计构思、精细加工装配、严格质量控制，到生产流程优化管理、物流销售网络构建、售后服务体系完善，乃至产品生命周期终点的回收处理，这一系列贯穿产品全生命周期的综合性生产活动。在信息爆炸的当下，广义制造的理念日益深入人心，成为指导现代制造业转型升级、实现可持续发展的关键思维框架。

（三）自动化制造系统

典型的自动化制造系统由五大核心组成部分协同工作，共同推动高效、灵活的生产流程。首先，该系统依赖于具有高水平技术能力和决策智慧的人员参与，他们不仅是系统的操作者，更是信息流监控与物流过程优化的关键角色，尤其是在柔性制造系统中，对操作者的技术和团队协作精神要求更为突出。其次，系统能够灵活应对一定范围内的加工对象变化，这种适应性在设计阶段即基于成组技术原理设定，确保了广泛的加工覆盖能力。再次，信息流及其控制系统作为系统的神经中枢，不仅主导物流过程，还直接影响产品制造质量，其控制水平的高低直接关联到系统的自动化、柔性及集成能力。复次，能量流及其控制系统为整个生产过程提供动力支持，优化设计能量流系统，旨在最大化能源利用效率，同时减少无益损耗与负面环境影响。最后，物料流及物料处理系统作为生产活动的实体载体，涵盖从原材料到成品的全链条转换过程，涉及自动化与非自动化的储运、加工、检测、清洗、热处理、装配等多种设备，其设备选型、布局设计是自动化制造系统规划中的核心考量要素。这五大组成部分紧密配合，共同构成了现代自动化制造系统高效运作的坚实基础。

二、机械制造自动化的途径

（一）单件、小批量生产机械化及自动化的途径

在机械制造业中，单件与小批量生产占据了显著地位，分别占比 30% 与 50%，因此，提升此类生产模式的自动化水平具有重大战略意义。鉴于单件及小批量生产中辅助工时占比偏高，单纯依赖先进工艺手段缩短加工时长难以显著促进生产效率的全面跃升。有效解决这一问题，关键在于通过机械化和自动化技术，同步缩减加工与辅助时间，即实现机械加工循环内各单元操作的自动化及循环外辅助工作的机械化与自动化。具体实施路径：一是引入机械化、自动化装置，以自动化方式完成零件的装卸、精准定位与夹紧作业，减少人工干预；二是推行工作场所的小型机械化与自动化改造，如部署自动滚道、高效运输机械、电动及气动辅助工具等，旨在缩短辅助作业时长并降低劳动强度；三是通过改造现有或设计全新的通用自动机床，实现加工操作的全面自动化，涵盖零件加工的个别工序乃至整个加工周期的自动化运行，从而提升生产效率并优化作业环境。在此过程中，所采用的自动化机床需兼顾经济实用性、快速调整便捷性、易于改装升级，并确保自动化装置不削弱机床的通用性与灵活性，以满足多样化的生产需求。

（二）中等批量生产的自动化途径

中等批量生产的特点在于其批量规模较大但产品种类多样化，随着市场对产品更新换代的快速需求，要求这类生产系统必须具备高度的灵活性与可变性，以轻松应对产品和工艺的不断变化。从全球发展趋势来看，主要策略包括：一是构建可变自动化生产线，依托成组技术原理，实现“成批流水作业生产”。这种生产线通过集成PLC或计算机控制的数控机床、可控主轴箱及可换刀库的组合机床，能够处理多种零件的加工与装夹任务，既维持了自动化生产线的高效率，又增强了工艺适应性。关键要素包括确保同批零件结构相似性、引入“随行夹具”解决不同工件在同一机床上的自动化装夹问题，以及配备自动换刀库以实现换刀与调整的自动化，特别针对大批量生产，还需设计高生产率且工艺适应性强的自动化设备。

二是推广使用标准化的数控设备，强调设备的通用性，特别是在单个加工工序中，优先选用能快速重新配置的数控机床及加工中心，以缩短调整时间。

三是模块化设计理念的应用，通过制造可组合的模块化典型部件，以及采用可调式组合机床和环形自动线，提高生产线的灵活组装能力。对于箱体类零件的加工，设计或采用配备自动换刀系统、主轴箱、夹具库及工件库的数控机床，这些设备能够快速转换加工工序，既适合独立作业也便于集成入自动化生产线。此外，在多能机床的设计与使用中，强调集成可调式自动装卸料装置、机械手、存储及传送系统，并逐步引入计算机控制，以加速机床的调整过程，最大限度减少重调时间，实现真正的“快速化”与自动化生产。

（三）大批量生产的自动化途径

当前，大批量生产实现自动化的条件已趋于完备，主要依托以下几大路径推进：首先，广泛构建适用于大批量生产的自动化生产线，国内外实践证明，这类生产线能显著提升生产效率和经济效益，因此，组合机床自动线和专用机床自动线已成为大规模生产工厂的标配。其次，致力于建设自动化工厂或车间，鉴于大批量生产产品特性稳定、品种单一且产量巨大，构建集连续流水作业与综合机械化优势于一体的自动化车间乃至全盘自动化工厂，成为该领域的发展趋势。此类系统正朝着集成化机械制造自动化方向演进，依托系统工程学原理，融合电子计算机、机器人及综合自动化生产线，实现原材料入库至成品包装的全程物流自动化，同时涵盖生产管理、技术管理等环节的信息流与能量流自动化，构成了全面的自动化制造体系。然而，全盘自动化系统的完善仍需攻克诸多工艺、管理及技术难题，既需理论研究的深化，也需通过典型自动化车间与工厂的实战实验，不断探索与优化。再次，引入“可变的短自动线”及“复合加工”单元，利用灵活短小的自动线（含2～4道工序），有效解决大批量生产自动化中的可变性问题。最后，通过改造和升级现有老旧设备，提升其自动化水平，如将传统设备转化为专用高效自动机床或半自动机床，加装自动化部件如程序控制刀架、自动工作台、自动送料夹紧装置、自动换刀系统等，从而有效提升生产效率，为工艺过程自动化奠定坚实基础。

三、机械制造自动化系统

（一）机械制造自动化系统的构成

从系统集成的视角审视，机械制造自动化系统通常被划分为四大核心组成部分，它们协同工作以实现高效、精准的制造流程：

加工系统：这一子系统集成了各类自动化设备与装置，主要负责执行工件的切削加工任务，同时涵盖排屑、清洗及测量等辅助工艺环节，确保加工过程的连续性与高质量。

工件支撑系统：该子系统聚焦于工件在整个制造流程中的流动管理，包括工件的输送、搬运及存储功能。通过高效的工件供给装置，确保工件能够准确无误地到达加工位置，为后续的加工操作奠定坚实基础。

刀具支撑系统：这一子系统专注于刀具的全面管理，从刀具的装配、输送、交换到存储，以及刀具的预调和维护，均在其职责范围内。通过优化刀具的使用与管理，提升加工效率，降低刀具损耗，确保加工过程的稳定性与可靠性。

控制与管理系统：作为机械制造自动化系统的“大脑”，控制与管理系统负责对整个制造过程进行全方位的监控、检测、协调与管理。通过实时数据采集与分析，系统能够及时调整生产参数，优化资源配置，确保制造过程的顺利进行，同时提升生产效率与产品质量。

（二）机械制造自动化的分类

关于机械制造自动化的分类，目前尚未形成统一标准，但综合国内外相关资料，我们可依据不同维度大致归纳为如下几种分类方式：

按制造过程分类：机械制造自动化可细分为毛坯制备过程自动化、热处理过程自动化、储运过程自动化、机械加工过程自动化、装配过程自动化、辅助过程自动化、质量检测过程自动化及系统控制过程自动化。这一分类方式着眼于产品从原材料到成品的整个生产流程中的各个环节自动化。

按设备类型分类：根据自动化设备的特性和应用范围，可分为局部动作自动化、单机自动化、刚性自动化、刚性综合自动化系统、柔性制造单元及柔性制造系统。此分类突显了自动化技术在不同设备层面上的应用深度和广度。

按控制方式分类：依据控制手段的不同，机械制造自动化可分为机械控制自动化、机电液控制自动化、数字控制自动化、计算机控制自动化及智能控制自动化。这一分类方法反映了自动化控制技术从机械基础到智能高级的演进过程。

按生产批量分类：针对生产规模的不同，机械制造自动化被划分为大批量生产自动化、中等批量生产自动化及单件小批量生产自动化。此类分类直接关联到生产组织方式、设备配置及自动化策略的选择。

上述分类方式虽各有侧重，但共同构成了理解机械制造自动化多维度的视角，有助于我们深入探究不同情境下自动化技术的应用策略与发展趋势。

（三）机械制造自动化设备的特点及适用范围

自动化系统的多样性体现在其不同的性能特点与应用范畴上，合理选择至关重要。刚性半自动化单机，如组合机床、多刀车床等，通过机械或电液控制实现单个工艺循环，虽处于自动化最低层次，但投资小、见效快，适合大批量生产中的多样化产品。刚性自动化单机则进一步集成自动上下料装置，专用于品种稳定但批量巨大的场景，其定制性强、生产效率高，但通用性受限。刚性自动化生产线，通过集成多种刚性自动化设备及辅助装置，形成高效、有序的生产流程，特别适用于少品种大批量生产，尽管初期投资大且调整周期长，但通过组合机床自动线等创新形式，有效缩短了建线与调整时间，降低了成本。刚性综合自动化系统则更为庞大，覆盖从加工到装配、检验的全流程，针对工序繁多、批量巨大的单一产品，虽建设复杂且换产不易，却实现了极致的生产效率与质量稳定性。而数控机床，作为单机自动化的里程碑，通过数字程序控制实现复杂零件的精确加工，灵活适应中等批量、多变品种的生产需求，是现代制造技术融合的典范。

（四）机械制造自动化的辅助设备

机械制造自动化加工流程中的辅助工作涵盖广泛，包括工件的装夹、上下料、在加工系统中的运输与存储、在线检验，以及切屑与切削液的处理等关键环节。为提升生产效率并缩减辅助工时，我们必须配备相应的自动化辅助设备。这些设备的选择与配置，紧密依赖于所加工产品的种类、生产批量、生产率要求及工件的具体结构形式。

在中小批量生产场景下，辅助设备需兼具通用性与灵活性，以应对多样化的工件需求。托盘及可变的夹紧定位点设计，有助于实现不同结构工件在同一机床上的自动化装夹。通用型机械手通过更换手部模块，即可适应不同工件的上下料作业。链式或滚子传送机、无轨自动运输小车及搬运机器人与传送机的组合，则为工件在加工系统中的灵活传输提供了多种高效方案。此外，中央仓库的设立与堆垛起重机系统的应用，进一步促进了物料管理的无人化与智能化。

转向大批量生产，自动化生产线上的夹具设计需兼顾固定式与随行式，以适应不同复杂度的工件加工。针对体积与形状各异的工件，料斗式、料仓式及机械手上下料装置成为上料环节的理想选择。步伐式输送装置、传送机、搬运机器人及翻转装置等，则共同构建了高效、灵活的工件输送体系。为提升生产线的柔性与平衡生产节拍，中间仓库的设置尤为关键。同时，自动排屑装置的引入，有效确保了切削液的循环利用与切屑的顺畅排出，维护了自动化生产线的持续稳定运行。

第二节　机械制造自动化技术

一、自动化学科的前沿技术

（一）虚拟仪器

虚拟仪器是一种高度灵活且用户可定义的基于计算机的系统，它颠覆了传统仪器的固定功能与厂商主导设计模式。相较于功能预设、由制造商确定并由用户选择使用的传统仪器，虚拟仪器赋予了用户前所未有的自由度。一个完整的虚拟仪器系统由软件和硬件两大核心组件构成，能够针对特定测量任务进行高度定制化。在成本效益上，虚拟仪器系统对于执行相似功能的传统仪器而言，不仅价格相当，甚至能显著降低价格。随着测量需求的变迁，其灵活性进一步转化为长期成本节约的累积效应。

虚拟仪器最显著的优势在于其可配置性，用户无须受限于厂商预装的软硬件组合，而是能够自由定义界面布局与功能特性，实现了真正的个性化定制。相比之下，传统仪器则将软件、测量电路紧密集成，通过仪器面板提供一组有限的功能选项。虚拟仪器则不同，它提供了一套完整的软硬件工具集，让用户根据测量或控制任务的具体需求，自行搭建和定义所需功能。

此外，虚拟仪器还提升了工程师们利用高效、功能强大的软件工具来优化数据采集、分析、存储、共享及展示流程的能力。这种全面集成的解决方案不仅提升了工作效率，还拓宽了仪器应用的边界，使得科学研究与工业测试领域得以采用更加灵活多变、成本效益更高的测量手段。

（二）虚拟现实技术

虚拟现实技术，作为一种前沿的沉浸式体验技术，其根基深植于动态系统模拟与经典三维动画的演进之中。它巧妙地融合了三维图形处理技术、模拟技术、传感技术、人机交互界面及动画显示技术等多个领域的精髓，共同编织出一个高度逼真的三维视觉幻境。在这一虚拟世界中，用户得以摆脱物理空间的束缚，依据个人视角自由穿梭，实现对虚拟环境的全方位浏览与深度交互体验。因此，虚拟现实技术不仅是单一技术的展现，更是多学科交叉融合的结晶，展现了科技与艺术的完美交融。

1. 虚拟现实的种类

虚拟现实系统根据其功能层级可划分为四大类：首先是桌面虚拟现实系统，俗称“窗口 VR”，它依托普通微机显示屏实现，成本经济且功能基础，广泛应用于计算机辅助设计、制造、建筑设计及桌面游戏等领域。其次是沉浸式虚拟现实系统，这类系统如体验器般让人仿佛置身于虚拟世界，广泛用于仿真培训、演示及高端游戏，提供身临其境的体验。再次是分布式虚拟现实系统，它依托因特网，整合全球资源，协同构建虚拟现实环境，是沉浸式 VR 的进阶形态，允许不同地点的用户共同参与同一虚拟空间，如军事仿真 NPSNet。最后是增强现实或混合现实系统，该系统巧妙融合真实与虚拟环境，部分真实场景被虚拟元素替代，既降低了构建复杂真实环境的成本，又保留了与虚拟部分的交互能力，实现了虚实交融的极致体验，预示着未来发展的重要方向。

2. 虚拟现实的构成模块和关键技术

虚拟现实系统是一个高度集成的技术体系，其核心构成模块紧密协作，共同创造出身临其境的虚拟体验。具体而言，系统包含检测模块，负责捕捉用户的操作指令，并通过传感器模块与虚拟环境实现互动；反馈模块则即时接收传感器传递的信息，以多样化的方式向用户呈现操作结果，确保体验的连贯性。传感器模块作为桥梁，既接收用户的操作指令，又向用户反馈虚拟环境的变化，是实现人机交互的关键。控制模块则对传感器进行精细调控，确保用户、虚拟环境及现实世界间的无缝连接。而建模模块则是构建虚拟世界的基石，它利用三维表示技术捕捉现实世界的细节，并据此打造出栩栩如生的虚拟环境。

虚拟现实技术的关键在于一系列前沿科技的深度融合。动态环境建模技术，作为核心中的核心，致力于高效准确地获取现实世界的三维数据，并据此构建出逼真的虚拟环境模型。这一过程中，CAD 技术与非接触式视觉建模技术的巧妙结合，极大地提升了数据获取的效率与精度。实时三维图形生成技术则是另一大挑战，它要求在保持图形质量与复杂度的同时，实现每秒不低于 15 帧，甚至高于 30 帧的刷新率，以确保虚拟世界的流畅运行。此外，立体显示与传感器技术的持续进步，对于提升虚拟现实的交互体验至关重要。当前，尽管已有诸多设备问世，但我们仍需不断克服延迟、分辨率、作用范围等方面的限制，探索更加先进的三维显示与传感技术，以推动虚拟现实技术迈向新的高度。

3. 虚拟现实技术的应用领域

虚拟现实技术的广阔应用前景横跨多个领域，包括建模与仿真、科学计算可视化、设计规划、教育培训、远程操作与监控、医疗、艺术创作及休闲娱乐等。在教育领域，它通过构建高度逼真的虚拟环境，如人体模型、太空旅行体验及分子结构展示，显著提升了学习者的想象力和兴趣，促进了教学效果的飞跃。同时，结合计算机、心理学与教育学等多学科优势，虚拟现实系统不断优化人机交互体验。

工程领域同样受益匪浅，虚拟现实技术已成为 CAD/CAM 等图形工具的重要补充，助力工程师通过全球或局域网络实现三维模型的高效协作设计、交流与发布，有效推动了生产效率与成本控制。商业领域则利用虚拟现实打造沉浸式购物体验，让顾客能在虚拟商店中自由挑选商品并完成交易，革新了传统零售模式。

娱乐产业更是虚拟现实技术的璀璨舞台，它创造的极致虚拟环境让用户体验前所未有的乐趣，无论是漫步于未来都市的街头巷尾，还是深入游戏世界的每一个角落，都能获得身临其境的沉浸感，极大地丰富了休闲娱乐的方式与内容。

（三）多代理系统的应用

1. 代理的结构

代理系统是一个极具开放性和灵活性的智能系统架构，其设计精妙地融合了体系结构与程序，共同塑造出代理这一核心要素。在这个系统中，代理被赋予了高度的自主性，能够实时感知并应对复杂多变的环境信息，如地形、地貌、通道状况等，从而自主执行导航、跟踪、越野等多种任务，确保移动机器人始终处于最优的运动状态。

这一目标的实现，离不开代理与体系结构、程序之间的紧密协作。具体来说，代理依托于特定的体系结构运行，这一结构可能是一台通用的计算机，也可能集成了专为特定任务设计的硬件。同时，软件层面的隔离机制也扮演着重要角色，它为代理程序与计算设备之间提供了灵活的接口，使得编程工作得以在更高层次上进行，从而简化了复杂系统的构建过程。

在代理的运作过程中，知识扮演着至关重要的角色。代理需要利用这些知识来不断更新其内部心理状态，以适应外部环境的变化和协作求解的需求。这种内部心理状态涵盖了认知、情感和意向三个维度，分别对应着信念、愿望和意图等要素。通过对这些要素之间的关系进行形式化描述，我们可以建立起代理的信念 - 愿望 - 意图模型，进而为代理系统的深入研究奠定坚实基础。

综上所述，代理系统是一个高度集成的智能体系，其中代理作为核心要素，通过体系结构与程序的紧密协作，实现了从感知到动作的映射。同时，代理还依赖知识来更新其内部心理状态，以适应环境变化并完成协作求解任务。这一系统的设计与实现，不仅展现了人工智能技术的强大潜力，也为未来智能系统的发展指明了方向。

2. 代理的特点

代理，作为一种智能主体，展现出了多个鲜明的特点。首先，它们具有代理性，即代理能够代表他人执行工作，这是其最为基础且核心的特性。其次，代理具备自制性，它们作为独立的计算实体，拥有不同程度的自主决策和行动能力。这种自制性使代理能够在不确定或动态变化的环境中，无须事先详尽规划，也能自主发现并获取满足用户需求的资源和服务。再次，代理展现出强烈的主动性，它们能够遵循既定的目标或承诺，积极采取行动，如在互联网上主动漫游，广泛收集信息，并将这些宝贵的信息及时提交给用户。此外，代理还具备反应性，它们能够敏锐地感知周围环境的变化，并据此作出恰当的响应和调整。最后，代理还具有一定的社会性，这意味着它们不仅能够与代理所代表的用户资源进行有效互动，还能与其他代理进行交流和协作，共同完成任务或解决问题。

3. 代理系统的智能性

代理系统，凭借其内置的知识库与逻辑推理能力，赋予了每个独立代理以初步的智能性，使之成为决策过程中的关键节点。这些智能代理的集合，共同构筑了一个分布式的人工智能体系，展现了代理技术作为 AI 领域重要分支的无限潜力与活力。

随着信息技术的飞速进步，特别是网络技术的日益成熟，多代理系统与移动代理的应用场景不断拓宽，在网络环境中得到了广泛的实践与验证。这些系统的存在，不仅极大地增强了网络作为并行分布计算平台的能力，更将其转变为一个支持并行分布式智能推理的强大引擎。这一转变，无疑为智能代理的研究开辟了更为广阔的空间与前景。

在此背景下，对代理系统的深入分析与建模成了研究的核心议题之一。通过科学的分析与建模方法，我们可以更好地理解代理系统的运行机制、优化其性能表现，并探索其在更广泛领域内的应用可能性。这一过程不仅促进了智能代理技术的持续进步，也为人工智能领域的整体发展贡献了新的力量。

（四）数控机床及其应用

1. 数控技术在高压水流切割机床中的应用

数控技术，这一融合电子信息与机械零件加工过程的先进技术，其核心在于通过电子信息实现对加工过程的精准控制。数控机床，作为数控技术与制造业深度融合的产物，是机电一体化的典范，集成了机械制造、信息处理、自动控制、伺服驱动、传感器及软件技术等多领域的精华。特别值得一提的是，二维高压水流数控切割机床，自20世纪90年代兴起以来，便以其卓越的性能成为切割领域的佼佼者。该机床巧妙利用高压水流，在计算机的精密控制下，实现了对二维任意形状材料的精准切割。

在二维高压水流数控切割机床的运行中，信息处理与自动控制两大技术环节尤为关键。信息处理技术贯穿于机床工作的始终，它涵盖了信息采集、加工与传输三大步骤。对于图形信息的采集，是连接计算机辅助设计与制造的桥梁，其精度与速度直接关乎数控系统的整体效能。值得注意的是，在追求高精度的同时，我们也需平衡处理速度，以确保系统的高效运行。在二维超高压水射流切割机床中，当图形信息采集精度达到小数点后四位时，便能在保证加工精度的同时，实现控制效率的最优化。

而自动控制技术，则是机床实现智能化操作的核心。它依据预设的程序与算法，对机床的各项参数进行实时调整与优化，确保切割过程的平稳与精准。在二维高压水流数控切割机床中，自动控制技术的应用不仅提升了切割效率与质量，还极大地降低了人工操作的难度与风险。

2. 信息加工和信息传输

在AUTOCAD软件平台的基础上，我们进行了深度的二次开发，以构建高效的信息加工系统。该系统专注于实现多项核心功能，包括但不限于智能排料、自动辨识移刀与进刀策略、灵活设定加工速度与延时参数的有效性评估，以及无缝生成并输出机床加工代码。特别地，对于移刀与进刀点的定义，我们力求其设计既便捷又灵活，旨在帮助编程人员针对不同材料特性，规划出最优的加工路径，有效预防工件在加工完成后因翘起而与刀头发生碰撞的风险。

与此同时，信息传输机制也被优化至极致。在Windows系统平台的强大支撑下，我们采用了高效的文件交换方式来实现数据代码快速传递至执行元件。这种基于文件传输的方法，不仅简化了数据传输流程，还确保了数据传输的准确性和效率。在二维超高压水射流数控切割机床的自动控制系统中，我们构建了以工控系统为核心的信息处理与指挥中心，它负责读取并分析输入信息，随后生成精确的控制命令代码，进而实现对机床各执行部件的精准同步控制。此外，该系统还具备对运动过程中各项关键参数的实时采集与监控能力，确保了加工过程的平稳与高效。

二、机械制造的自动化技术

（一）刚性自动化技术

机械制造领域中的刚性控制，即传统电器控制（继电器－接触器）模式，是构建刚性自动线的基础。刚性自动线，顾名思义，其“刚性”特质在于其加工对象——零件一旦确定便难以更改。这意味着，若产品或零件的结构发生变动，进而要求加工工艺的相应调整，刚性自动线便显得力不从心，无法灵活适应这些变化，展现出其柔性不足的局限。

刚性自动线的构造主要包括刚性自动化设备、工件输送系统、切屑输送系统及控制系统等核心组成部分。这些设备均为针对特定零件或零件组的加工工艺量身定制，通过多面、多轴、多刀的同步作业模式，实现了高度的自动化与生产效率。这些加工设备，如组合机床与专用机床，均遵循既定的加工顺序排列，确保生产流程的顺畅进行。

在控制层面，刚性自动线原本依赖于传统的继电逻辑电气控制方式对全线机床、工件输送及切屑输送装置进行集中管理。然而，随着技术的进步，目前更多采用可编程控制器来替代传统控制方式，以实现更加灵活、高效的生产控制。这种转变不仅提升了系统的整体性能，也为刚性自动线适应未来可能的工艺变化预留了空间。

（二）物流自动化技术

1. 自动线的传送装置

物流自动化领域中的传送装置展现了多样化的传送形式，与之相应的是多种功能各异的输送机。其中，板式输送机以其强大的载重能力脱颖而出，能够承载并输送重达数十吨以上的物料，特别适用于重型产品的生产线。其长距离输送能力（最长达 120 米）及运行稳定性，加之结构坚固、环境适应性强，使得板式输送机在家电装配、汽车制造及工程机械等行业中广泛应用。设计上，链板上的附件与工装夹具灵活配置，支持水平、爬坡乃至 45°大倾角转弯输送，展现了高度的灵活性与适应性。

另外，链板输送机则以输送面的平滑与低摩擦著称，确保了物料在输送过程中的平稳过渡。该设备布局灵活多变，能够轻松实现水平、倾斜及转弯输送，同时结构简单，维护便捷。链板材质多样，包括不锈钢与工程塑料等，满足不同行业对输送物料及工艺的特殊需求。尤为值得一提的是，链板输送机具备优异的清洁性能，可直接水洗或浸泡于水中，符合食品、饮料等卫生要求严格的行业标准，广泛应用于玻璃瓶、PET 瓶、易拉罐及箱包的输送作业中。

2. 有轨小车

有轨小车作为一种常见的物料搬运设备，其基础形态为小车在预设的铁轨上运行，由车载马达提供动力。此外，还存在一种创新的小车，它通过在底盘前后安装导向销，并嵌入地面沟槽中，实现沿着固定路线移动。这种小车利用链索上的推头与小车前部的活动推杆相互作用，实现单向环形运输，展现出独特的运行机制。

进一步拓展有轨小车的概念，空架导轨上的悬挂式机器人也是其演变形式之一。这类机器人如同厂房中的吊车，能够在电动机的驱动下沿导轨自由移动，同时其下方的支持架能够托起工件及托盘，进行上下移动和旋转操作，极大地增强了物料搬运的灵活性和精确度。由于能够在 X、Y 两个方向自由移动，并支持多维度的工件处理，悬挂式机器人成为复杂生产线上的得力助手。

总而言之，有轨小车以其独特的优势在工业生产中占据一席之地。它们能够迅速加速并保持较高的移动速度，特别适合于重型零件的搬运。固定的轨道确保了小车行走的平稳性和停车时的精确定位。相较于无轨小车，有轨小车的控制系统更为简单，降低了制造成本，更易于推广应用。同时，成熟的控制技术也赋予了有轨小车更高的运行可靠性。然而，其局限性也不容忽视：轨道一旦铺设完成，调整难度较大，且转弯半径受限，通常要求导轨布局以直线为主。

3. 自动导向车

自动导向车（AGV）系统是自动化物流领域中的佼佼者，其以高技术密集特性展现出显著优势与巨大潜力。该系统由核心部件——运输小车、配套的地板设备及先进的系统控制器共同构成。与有轨穿梭小车相比，AGV 的显著优势在于其无轨设计的灵活性，通过埋设地下的通有交变电流的电缆作为导向，实现自动识别轨道位置并依据中央计算机指令行驶。这一特性赋予了 AGV 卓越的路径柔性，能够轻松调整、修正乃至扩展其移动路线，而无须像传统有轨系统那样进行烦琐的轨道改造。

AGV 的实时监视与控制能力同样出类拔萃。控制计算机能够即时追踪小车状态，灵活调度路线，并即时响应装载失败、零件错放等异常情况。采用无线电控制时，更可实现双向通信，确保指令准确无误地传达至特定小车，执行包括移动、装卸、再充电等任务，同时小车也能向计算机反馈实时状态信息，构建高效的信息交互网络。

在安全性与可靠性方面，AGV 同样表现出色。其低速运行（10 ~ 70 m/min）结合微处理器控制及区域通信功能，有效避免了车辆间的碰撞。高精度定位系统的应用，更将定位误差缩小至毫米级，保障了装卸与运输过程中的顺畅与安全。此外，丰富的安全报警装置如报警信号灯、扬声器等，进一步提升了系统的整体安全性。

维护便捷性也是 AGV 系统的一大亮点。不仅小车的蓄电池再充电过程简便，其控制器、通信装置及安全报警设备的日常检测同样高效。特别值得一提的是，自动报告蓄电池状况的设施与中央计算机的联动，确保了小车在电量不足时能够自动前往充电站，实现长时间（如 8 小时）的连续作业无须人工干预。

（三）CAD/CAPP/CAM 一体化技术

1. CAD 技术

CAD，即计算机辅助设计，是近三十年来迅猛发展的跨学科领域，融合了计算机科学与工程技术的精髓。其定义随技术进步而不断演进，我们可从双重维度深入理解：首先，CAD 被视为一个动态过程，其中工程技术人员借助计算机这一强大工具，依托各自的专业知识，进行产品设计的构思、分析、修正与优化，直至达成既定的设计愿景；其次，CAD 作为一项核心的产品建模技术，实现了产品从物理形态向数据模型的精准转化，这些数据模型被妥善存储于计算机中，不仅为后续的计算机辅助技术提供了共享基础，还贯穿并驱动了产品从设计到制造乃至整个生命周期的各个环节。

在功能层面，CAD 系统展现出强大的综合能力，主要可归纳为四大类：几何建模，为产品设计构建精确的三维或二维模型；工程分析，对设计进行力学、热学等多方面的性能评估；动态模拟，预览产品在实际工况下的运动与行为；自动绘图，自动生成符合行业标准的设计图纸。这一完整的 CAD 系统架构，集成了科学计算的高效性、图形系统的直观性及工程数据库的丰富性，共同支撑起现代设计与制造领域的创新与发展。

2. CAPP 技术

CAPP，即计算机辅助工艺设计，是借助计算机技术革新传统工艺设计流程的关键技术。它高效地将产品设计数据转化为制造数据，有效应对了当前产品快速迭代、多品种小批量生产的挑战。面对传统人工设计效率低下、周期长、质量不稳定等问题，CAPP 以其独特优势脱颖而出：它大幅缩短了设计周期，确保了工艺质量，提升了产品的市场竞争力。CAPP 不仅减轻了工艺设计人员的繁重负担，使他们能专注于创新研发，还促进了工艺设计的标准化、最优化，提升了资源利用效率，降低了生产成本。尤为重要的是，CAPP 为经验不足的工艺师提供了设计高质量工艺规程的工具，缓解了行业人才短缺的压力。

CAPP 系统根据工作原理可细分为五大类：交互式 CAPP 通过人机互动，依赖标准工步和典型工序进行设计，其质量高度依赖于人；派生式 CAPP（或称“变异型 CAPP”）利用成组技术，通过分类成组并设计典型工艺，实现快速定制化修改；创成式 CAPP 则基于工艺决策逻辑与算法自动生成工艺规程，展现了高度的自动化，但面对复杂零件时挑战较大；综合式 CAPP 融合了前两者的优点，并加入交互式元素，成为当前国内的主流选择；而 CAPP 专家系统，作为智能型 CAPP 的典范，运用人工智能技术和知识库加推理机的方式，进一步提升了工艺设计的智能化水平。这些系统共同构成了 CAPP 技术的多元化生态，为机械制造业的工艺设计带来了革命性的变革。

3. CAM 技术

CAM，即计算机辅助制造，是一项运用计算机技术辅助完成产品制造全过程的技术。其概念有狭义与广义之分：狭义上，CAM 聚焦于从产品设计到实际加工制造之间的所有生产准备活动，如 CAPP、NC 编程、工时估算、生产计划及资源需求计划的制订，有时甚至特指 NC 编程；而广义上，CAM 还涵盖了制造流程中涉及物流的各个环节，如加工、装配、检验、存储、运输的监控、调控与管理，形成了一个全面的生产管理体系。

根据计算机与制造系统间是否存在直接的硬件接口联系，CAM 可划分为直接应用和间接应用两大类别。直接应用模式下，计算机通过接口直接与制造系统相连，实现对制造过程的实时监控、协调与控制，具体包括物流运行的精准控制、生产状况的即时监控与调整，以及基于现场检测数据的质量监控与校正。而间接应用则侧重于离线工作，计算机虽不直接介入制造过程，但为车间制造活动提供强有力的数据与信息支持，优化生产资源管理，具体涵盖计算机辅助工艺规程设计、NC 程序编制、工装设计及作业计划编制等多个方面。

4. CAD/CAM 技术

CAD/CAM 系统由硬件与软件两大支柱构建而成。软件系统作为其核心组成部分，涵盖了多个关键层面。首先，系统软件是基石，负责计算机系统的全方位管理、控制、调度、监视与服务，为应用软件的开发提供了稳固的环境，包括操作系统、程序设计语言处理系统及各类服务性程序，旨在增强用户便捷性，优化硬件资源利用，提升计算机整体效能。

其次，管理软件扮演着数据中心的角色，专注于 CAD/CAM 系统内各类数据的高效组织与精细管理，通常采用先进的数据库管理系统实现，是确保系统顺畅运行的核心驱动力。

再次，支撑软件是 CAD/CAM 体系中的基础架构，涵盖了工程绘图、三维与曲面造型、有限元分析、数控编程、系统动力学模拟分析等关键领域，它们基于系统软件构建，为开发专用 CAD/CAM 应用提供了不可或缺的通用工具集，当前市场上广泛流通的多数软件均属于此范畴。

最后，应用软件则是直接面向用户需求的定制化解决方案，由用户或用户与研究机构携手，在系统软件与支撑软件的坚实基础上共同开发，旨在解决特定领域内的实际问题，展现了高度的专业性与实用性。

第三节　自动化制造系统技术方案

一、自动化制造系统技术方案的制定

（一）自动化制造系统技术方案的内容

自动化制造系统技术方案的全面规划涵盖多个关键维度。首先，需基于加工对象的深入工艺分析，明确加工工艺方案。随后，根据年生产纲领精确核算生产能力，并据此选定加工设备的种类、规格及数量配置。接下来，综合考量工艺需求、设备性能及控制系统特性，对工件输送装置进行市场调研与性能价格比对，确立工件输送与管理系统的最优方案。同时，针对刀具更换需求，对市场上刀具更换装置的类型进行全面评估，制定刀具输送、更换与管理系统的方案。

此外，方案还需包含必要的辅助设备配置，如清洗、测量设备，切削液回收系统，切屑处理装置及特殊处理设备等，以确保工艺方案的完整执行。在系统控制结构的设计上，我们需结合自动化制造系统的目标、功能需求、计算机市场机型选择及企业既有资源，综合确定最佳控制结构与配置。

对于数据管理系统，其方案应依据系统规模、企业生产管理基础及发展目标来定制。若企业有 CIMS 技术推广计划，则同步规划商用数据库管理系统的配置显得尤为重要。最后，通信网络方案的制定需紧密关联控制系统的结构、系统规模及企业技术发展战略，以确保信息流通的顺畅与高效。

（二）确定自动化制造系统的技术方案时需要注意的问题

在推进自动化制造系统的发展时，我们必须坚定不移地走符合中国国情的道路，避免盲目模仿国外模式，确保每一项规划与实施都根植于我国的实际状况。同时，我们应秉持需求与效益双重驱动的原则，确保自动化制造技术的应用能够切实解决企业面临的瓶颈问题，为企业带来实实在在的效益增长，从而赋予其强大的生命力。在实施过程中，面对技术难题，我们必须集中力量攻克关键技术难关，这是确保系统成功实施的关键所在。

此外，管理的重要性不容忽视。我们既要审视管理体制对自动化制造系统实施的深远影响，也要加强对系统实施过程本身的精细管理，二者相辅相成，方能促进自动化制造系统的顺利推进与成功落地。若企业着眼于计算机集成制造系统（CIMS）的未来发展，那么自动化制造系统便成为其不可或缺的子系统之一。在此背景下，我们不仅要追求自动化制造系统自身的优化，更要着眼于 CIMS 整体效益的最大化，实现系统间的无缝集成与高效协同。

最后，人才是自动化制造系统发展的核心驱动力。我们必须高度重视教育与培训工作，不断壮大工程技术与管理人才队伍，为自动化制造系统的广泛应用与深入发展奠定坚实的人力资源基础。只有这样，我们才能充分发挥自动化制造系统的潜力，推动制造业向智能化、高效化方向迈进。

二、自动化加工工艺方案涉及的主要问题

（一）自动化加工工艺的内容与特点

自动化加工工艺方案作为现代机械加工领域的重要发展趋势，其涵盖内容日益广泛，不仅覆盖了传统的切削加工领域，如车削、钻削、滚压等，还延伸至非切削加工范畴，实现了自动检测与装配等工艺的自动化。这一方案的显著特点在于：首先，它对毛坯的精度提出了更高要求，同时要求毛坯的结构工艺性需适应自动化加工流程；其次，自动化加工显著提升了生产效率，相较于传统万能机床加工，其生产率可高出数倍乃至数十倍；再次，自动化加工确保了工件加工精度的稳定性和一致性，大幅降低了人为因素对加工质量的影响；此外，在切削用量选择与刀具尺寸控制方面，自动化加工系统旨在实现加工精度的精确控制、刀具耐用度的优化及劳动生产率的进一步提升；最后，对于多品种小批量的生产场景，自动化加工工艺方案巧妙融合了成组技术理念，充分发掘了数控机床等柔性加工设备在快速适应不同加工需求方面的卓越能力。

（二）实现加工自动化的要求

加工过程自动化的设计与实施须遵循一系列核心要求，旨在全面提升生产效能与经济效益。首先，显著提高劳动生产率，将其确立为衡量自动化加工相较于传统生产方式优越性的基准，关键在于缩短产品制造周期并最小化劳动强度。其次，降低成本、增强市场竞争力与提升经济效益并行不悖，通过自动化手段降低产品成本，不仅惠及消费者，也为企业赢得市场优势，促进利润积累与再生产扩张。再次，改善劳动条件、实现文明生产是自动化加工不可或缺的一环，旨在减轻工人负担，营造安全、健康的工作环境。最后，鉴于生产技术的日新月异与产品需求的多样化，自动化加工设备需具备高度的灵活性与适应性，以快速响应产品更新换代的需求，确保工艺的可变性与长期竞争力。

（三）成组技术在自动化加工中的应用

成组技术，作为现代制造系统的基石，其核心在于通过识别并利用产品、部件及零件间的相似性，实现设计、制造与管理的合理化。该技术依据特定的相似性准则，将多样化的生产对象分类归簇，进而在组织生产时采用典型工艺过程及成组可调工艺装备（如刀具、夹具、量具），此举显著缩减了生产准备周期与成本，并降低了工艺调整频率。成组技术的应用不仅促进了流水作业与自动化生产，减少了物料运输与等待时间，还简化了计划调度，大幅提升了生产效率与经济效益。

在产品设计层面，成组技术促进了设计信息的复用，加速了设计周期，减轻了设计负担，并引领了产品零部件的通用化、系列化、规格化及模块化进程，实现了以较少的零件满足多样化的市场需求，同时奠定了工艺标准化的基础。这不仅简化了零件设计，还为后续的制造工艺优化创造了条件。

在车间布局方面，成组技术推动了从“机群式”向“成组单元”布局的转变，优化了物料流动路径，简化了管理流程，降低了物料搬运成本。此外，对于回转体与非回转体零件，成组技术分别通过统一刀具附件与采用成组夹具的方式，实现了工艺调整的统一与简化，提高了加工效率与灵活性。

结合计算机控制技术，成组技术为多品种、小批量的自动化制造开辟了新路径。它通过扩大生产批量效应、提升产品设计标准化水平、减少专用工艺装备需求及缩短生产准备周期等多方面的作用，显著降低了生产成本，加快了产品上市速度，从而在现代制造体系中占据了举足轻重的地位。

三、自动化加工工艺方案的制定

（一）工件毛坯

旋转体工件的毛坯选择广泛，涵盖棒料、锻件及少量铸件，而箱体及杂类工件则更多采用铸件，近年来钢板焊接件在箱体类工件中的应用愈发普遍。为提升自动化加工效率与精度，工件毛坯制造应采纳先进工艺，如金属模型铸造、精密铸造与锻造技术，以确保毛坯本身的高精度。毛坯设计需严格控制尺寸与表面形状公差，维持加工余量的均匀性，同时限制硬度变化范围，以延长刀具使用寿命并简化刀具管理。这些要素直接关联到加工工序的规划与输送方式的优化，因为过大的毛坯余量或硬度不一致不仅缩减刀具耐用性，甚至引发刀具损坏，且硬度波动亦会损害精加工成品的质量稳定性，包括尺寸精度与表面粗糙度。因此，在方案制定阶段，针对自动化加工特性，对工件与毛坯进行必要的工艺与结构调整尤为关键，如箱体与杂类工件上增设工艺凸台、销孔、平面或凹槽等，以适配直接输送需求。

（二）工件定位基面的选择

在工件定位基准的选择上，我们需严格遵循一系列工艺原则以确保加工精度与效率。对于旋转体工件，通常选取中心孔、内孔、外圆及端面或台肩面作为定位基准；而直接传输的箱体工件，则普遍采用“两销一面”的定位方式。此外，我们还应注意以下关键原则：首先，应优先采用精基准定位，旨在减小各工位间的定位误差；其次，尽可能选择设计基准作为定位面，以避免因基准不重合导致的定位误差；再次，所选定位基准应能最小化工件在自动化设备中的转位次数，从而减少所需设备数量，同时应努力实现定位基面的统一，以减少安装误差并推动夹具结构的通用化；复次，定位基面的设计还应考虑到夹具定位夹紧机构的简化；最后，对于箱体及杂类工件，定位基准的选取应确保工件能露出尽可能多的加工面，以便于多面加工的实现，进而保证加工面间的相对位置精度，并减少所需机床的数量。

（三）直接输送可工件输送基面

旋转体工件的输送策略多样，对于小型工件，常采用直接输送，利用重力在输送料道中滚动或滑动，其中滚动输送以外圆为支承，两端面限位，需确保限位面与料槽间隙合理，以防工件倾斜或卡死，且两端支承直径相近，工件重心居中，确保稳定。轴类工件纵向滑动时，则以外圆为输送基准。若重力输送受限或需提升可靠性，可采用强迫输送方式，如链条式装置支撑轴颈两端或推动外圆前进，盘、环类工件则常以端面为支承，链板式输送。

箱体工件的输送则分为直接输送与间接输送两类。直接输送因无须随行夹具及其返回装置，且便于工位间定位基准的切换，故为首选。箱体工件通常以底面为输送基准，两侧面限位，前后面作为推拉面。步进式输送时，输送面与限位面需足够长，以防工件偏斜。对于畸形工件，采用抬起步进式输送或托盘输送时，我们需确保工件重心稳定于支承点平面内，且在输送限位面与定位基准间维持高精度一致性，以满足机床夹具对工件输送位置的严格要求。

（四）工艺流程的编制

编制工艺流程是自动化设备工艺方案设计的核心环节，其优劣直接关乎加工系统的经济效益与运行可靠性。这一过程主要聚焦于两大核心问题的解决：一是精准界定工件在加工体系中所必经的工序流程，包括恰当选取各加工面的工艺策略及工步数量，并科学设定工序间的余量；二是精心安排加工顺序，遵循一系列关键原则：首先，遵循“先面后孔”的原则，优先处理定位基准面与平面，随后才是孔的加工；其次，实施粗精加工分离策略，确保粗加工在前，精加工在后，且两者工位保持适当间隔，以规避切削热、振动等因素对精加工的不利影响；再次，平衡工序的集中与分散，既通过工序集中提升生产效率，减少设备投入，保障加工精度，又通过合理分散简化机床结构，便于维护操作，提升设备利用率；同时，推行工序单一化，如将特定工序如镗大孔、钻小孔、攻螺纹等分离至不同主轴箱或专用机床，以简化传动系统，便利刀具管理；此外，不容忽视辅助工序的规划，如适时安排检查、清理等，确保加工质量；最后，针对多品种小批量工件，探索多品种加工模式，如运用可调式自动线或成组加工自动线，以提升加工系统的整体经济性与灵活性。

（五）工序节拍的平衡

在自动线实施自动化加工的过程中，即便工序及其加工顺序已明确规划，仍可能面临各工序生产节拍不匹配的问题。为此，确保各工位的工作循环时间保持相近至关重要，这是平衡自动线工序节拍的关键所在。通过精心调整节拍，我们促使各台设备能够高效协同运作，不仅优化了生产流程，还有效提升了单台设备的利用率与负荷率，从而最大化地发挥了整条自动线的生产效能。

四、自动化加工设备的选择与布局

（一）自动化加工设备的选择

自动化加工设备的选型策略需紧密围绕产品相关需求展开。对于中小批量生产，灵活性与适应性成为考量重点，加工单元或可换多轴箱形式因其灵活性而备受青睐；反观大批量生产，则倾向于采用高效稳定的自动生产线结构。工艺流程规划完成后，基于具体加工任务（涵盖工件图纸规格及产能指标），精准定位自动机床的类型、规格与数量。

在大规模生产场景下，为每一道工序量身定制专用机床或组合机床，以精准满足加工需求；而对于多品种中小批量生产，则需综合考虑零件尺寸、工艺复杂度、精度标准及材料特性，灵活选用专用机床、数控机床或加工中心。同时，依据生产实际（如加工时效、工具配置、批量规模与生产率目标），精确设定设备的自动化层级，涵盖自动换刀、工件自动交换及数控系统的智能化程度。最后，依据生产周期规划（涉及加工序列与物流路径），精心挑选物料流自动化系统，如高效运输系统与自动化仓库系统，以确保生产流程的无缝衔接与高效运行。

（二）自动化加工设备的布局

1. 自动线的布局形式

旋转体加工自动线与组合机床自动线在布局形式上展现出多样化的特点，以适应不同加工需求与车间条件。旋转体加工自动线布局主要包括三种形式：贯穿式布局，其工件传送系统位于机床间，紧凑高效但可能影响通行；架空式布局，则将传送系统置于机床上方，适合生产节奏均衡的轴类零件加工；侧置式布局，传送系统设于机床外侧，兼具贮料功能，且可根据需要采取串联或并联方式。

组合机床自动线则提供了直线通过式、折线通过式、框型、环型及非通过式等多种布局选择。直线与折线通过式利用步伐式输送带按节拍输送工件，适用于不同规模的生产线；框型布局作为折线式的封闭形式，尤其适合处理大件或需随行夹具的生产线，且能简化夹具返回机制；环型布局围绕中心立柱形成环形轨道，工件输送精度要求适中，可直接输送或借助随行夹具，装卸料操作灵活；非通过式布局则允许工件从夹具侧面进出，增加了加工面的可能性，适用于特定加工需求或需吊装工件的场景。这些布局形式共同构成了灵活多变的组合机床自动线设计基础。

2. 柔性制造系统的布局

柔性制造系统的总体布局设计遵循多样化原则，以适应不同的生产需求与灵活性要求。首先，随机布置原则虽简便易行，即将机床随机排列于长方形车间内，但此法在机床数量增加时，会显著复杂化物料运输路线，降低效率。其次，功能原则（或称“工艺原则”）依据设备功能分类组织，如车削、铣削、磨削设备集中布局，虽便于同类设备管理，却因实际加工流程多变，导致零件运输路径复杂。再次，模块式布置原则强调车间由多个功能相近的独立模块构成，虽看似增加了生产能力的冗余，实则增强了应对紧急任务与意外事件的灵活性。此外，加工单元布置原则基于成组技术，每个单元能独立完成一类产品的加工，体现了高度的生产集成与定制化能力。最后，根据加工阶段划分原则，车间被清晰区分为准备加工、机械加工及特种加工等阶段，进一步细化了生产流程，提升了各阶段的专业化与协同效率。

第三章　机械制造的自动化进程

第一节　机械加工设备的自动化

一、自动化加工设备的基础

（一）加工设备自动化的意义及分类

1. 加工设备自动化的意义

金属切削机床与各类机械加工设备构成了机械制造的核心生产力，其生产效能的提升关键在于辅助时间的缩减。实现加工设备工作过程自动化，不仅有效缩短了辅助时间，还极大地改善了工人的作业环境，减轻了劳动强度，因此，全球范围内均将机床与加工设备的自动化视为重要发展方向。单台设备的自动化不仅精准匹配了零件加工特定工序的半自动或全自动需求，还为多机床协同管理奠定了坚实基础，是构建自动生产线乃至全面自动化生产的先决条件，推动着机械制造业向更高层次迈进。因此，加工设备的自动化不仅是实现零件加工全程自动化的关键环节，也是机械制造企业迈向自动化生产的核心基石。

2. 自动化加工设备的分类

随着科技的飞速进步，加工过程的自动化程度显著提升，极大地推动了生产率的飞跃。为满足不同生产需求，一系列自动化加工设备应运而生，涵盖全（半）自动单机、专用自动机床、组合机床、加工中心及加工自动线等多种类型。全（半）自动单机，凭借其灵活多变的配置，能够适应多种零件及工序的加工需求，尤其是多轴机型，进一步提升了加工效率。专用自动机床则专注于特定工件与工序，通过高度定制化的设计实现了高效自动化，尤其适合大批量生产，尽管其成本在小批量应用中可能偏高。

组合机床作为模块化设计的典范，利用大量通用部件快速搭建出针对特定加工任务的解决方案，不仅缩短了设计与制造周期，还提升了加工精度与效率，尤其擅长箱体、壳体等复杂零件的加工。加工中心，作为自动化加工领域的集大成者，集成了刀库与自动换刀系统，实现了多工序、多表面的集中加工，显著减少了装夹次数与工件转运时间，极大地提高了生产灵活性与效率，是柔性制造系统的核心组件。

最后，加工自动线通过将多台自动机床与辅助设备按工艺顺序串联，形成了高效连贯的生产流程，确保了产品质量的稳定与生产效率的最大化。这种高度集成的生产方式尤其适合大批量生产环境，但受限于其高度定制化特性，对工件类型的变动适应性较弱。综上所述，这些自动化加工设备各自以其独特的优势，在不同生产场景下发挥着不可替代的作用，共同推动了制造业向更高效、更智能的方向迈进。

（二）自动化加工设备的特殊要求及实现方法

1. 高生产率

自动化生产的核心目标在于显著提升劳动与机器生产率，这是机械制造自动化系统高效运作的基石。为实现这一目标，一系列针对性措施被广泛应用于工艺过程的自动化改造中。首先，构建连续自动线、引入快速空行程机构、自动化检验与排屑装置及周期性装料机械手等手段，有效缩减了与加工直接相关的时间消耗。其次，针对刀具管理，设立刀具库、自动换刀机械手及刀具自动调节与自锐装置，配合强制性换刀策略，确保刀具效能最大化，减少换刀时间损失。再次，利用自动磨损补偿机构、防护装置、耐磨材料及智能诊断系统，降低了自动化设备自身因素导致的时间浪费。此外，通过建立自动化储料仓、采用电子化管理，有效应对交接班与毛坯短缺带来的时间延误。同时，通过集成自动检验、自适应控制及刀具磨损补偿装置，严格控制废品率，进一步压缩与废品相关的时间成本。最后，借助数控自动机床、柔性自动线及计算机控制的可变加工系统，辅以程序控制与快速调整机构，极大地缩短了生产调整与准备时间。综上所述，这些综合措施共同作用于自动化生产流程，旨在将各类时间损失降至最低，从而不断推动自动化机床生产率的持续提升。

2. 加工精度的高度一致性

产品质量，作为衡量产品及其自动化加工系统价值的核心标尺，直接关联到加工精度的确保与工件报废风险的防控，这是自动化加工设备高效运作的基石。影响加工精度的因素多元且复杂，主要包括以下几个方面：首先，刀具尺寸磨损是直接影响加工表面尺寸与形状精度的关键因素之一，通过引入自动测量与补偿机制，或依据刀具寿命进行强制性换刀，特别是在加工中心和柔性制造系统中，这些措施借助计算机技术精准实施，有效保障了加工精度的一致性。其次，系统弹性变形，在加工系统刚性不足时尤为显著，是精加工中影响精度与表面粗糙度的另一重要因素。针对中、大批量生产设计的专用机床、组合机床及自动化生产线，优化设计提升刚度，是减少此类误差的有效途径。再次，切削用量的合理选定对表面质量亦至关重要，自动化加工设备需在保证生产率的同时，兼顾对工件表面质量的严格要求。最后，机床尺寸调整误差亦不容忽视，自动化生产依赖于精确调整机床及其与工件间的相对位置，以确保加工精度。因此，生产前的严格尺寸调整与刀具定位，无论是通过样件、对刀仪还是试切削方式，都是保障加工精度的必要步骤。

3. 自动化加工设备的高度可靠性

产品的最终质量、加工成本效益及设备生产率的核心要素在于机械加工设备的工作可靠性。随着设备可靠性的提升，其实际生产率愈发接近理论设计值，从而充分发挥设备潜能。设备停机现象通常源自四大类原因：设备装置故障、刀具失效、定期计划维护及组织层面的缺料等问题。故障可细分为影响设备正常运作的机构故障与影响加工精度的故障两大类，且故障模式依据故障率随运行时间的变化，可辨识为初期故障、偶然故障与磨损故障三阶段。初期故障期需强化检查，反馈设计制造部门以优化保养策略，最小化初期故障；偶然故障期则需结合日常保养与检查，力求延长设备有效寿命；磨损故障期则需采取针对性保养措施，减缓磨损进程。

设备工作可靠性直接关联于组成元件的可靠性、元件数量及其连接方式。在串联的自动线中，单个元件故障即可导致全线停产，因此，通过分段设计可提升整体可靠性与生产效率。提升设备可靠性的关键在于减少运行故障与高效维修，这依赖于综合设计、工艺措施及合理使用规程的实施。持续优化设备结构与制造工艺，结合实时损坏监测，可增强无故障运行特性与修理效率。针对易损部件，采用快速拆装设计与成组更换备件策略，能迅速排除技术故障。此外，并联备用元件或系统，以及备用手动控制与管理措施，均是减少停机时间、增强可靠性的有效手段。

4. 自动化加工设备的柔性

面对产品需求的多样化趋势与快速迭代周期，多品种特别是中小批量生产已成为机械制造业的主导模式，这对自动化加工设备的柔性提出了更高要求。柔性自动化加工的核心在于其快速适应不同加工对象的能力，通过软件控制机床，仅需调整软件及少量工夹具（甚至无须更换），即可轻松转换加工任务，支持批量或混流生产，显著缩短了设备调整与准备时间。

针对中小批量生产，自动化加工系统应具备以下关键机能：自动变换加工程序，利用电子计算机或可编程控制器实现不停机下的程序快速切换；多品种加工能力，依托高度通用化的工件与随行夹具运输系统，支持成组技术下的广泛加工范围；加工顺序与生产节拍的灵活调整，系统需能应对不同产品的加工流程与生产节奏变化；高效自动化加工与换刀，采用带刀库及自动换刀装置的数控机床提升生产效率；以及自动监控与故障诊断，确保设备连续稳定运行，减少停机与废品率。

当然，并非所有设备均需集上述所有机能于一身，实际应用中应根据生产需求灵活配置。同时，对于少品种大批量生产中的刚性加工系统，引入柔性元素同样重要，如配备数控加工单元、可更换主轴箱等，增强加工柔性；在刚性输送装置中设置中间储料库，提升系统间连接的灵活性，减少单点故障对整个生产线的影响。这些措施共同促进了生产系统的灵活性与效率，适应了现代制造业的多元化需求。

二、单机自动化方案

单机自动化是大批量生产提高生产率、降低成本的重要途径。单机自动化往往具有投资省、见效快等特点，由此在大批量生产中被广泛采用。

（一）实现单机自动化的方法

实现单机自动化的途径多元且各具特色，主要包括以下四种方法：首先，利用通用自动化或半自动机床，如单轴或多轴自动车床，适用于轴类及盘套类零件的大批量多品种生产，其灵活调整零部件后即可加工不同零件，广泛应用于各类生产场景。其次，组合机床作为箱体与杂件类零件加工的高效选择，通过集成通用化零部件设计制造，实现对特定工件的多面、多孔、多工位集中加工，具备设计周期短、投资少且生产率高的优势。再次，专用机床专为特定零件或相似零件的单一工序设计制造，虽设计制造周期长、投资大，但针对结构定型且工艺可靠的工件，能确保加工精度稳定，适用于技术经济分析效益显著的场景。最后，通用机床的自动化改装也是一条重要路径，通过对现有设备进行局部调整，增加自动化上下料装置与工作循环系统，实现单机自动化。此方式投资成本低、见效快，能充分挖掘设备潜力，但需根据机床原始条件、工件加工精度及工艺要求精心规划改装内容，确保改装方案的针对性和有效性。

（二）单机自动化方案应用

1. 加工过程运动循环自动化

加工过程的运动循环，作为工件在特定工序中机床刀具与工件相对运动的周期性序列，直接决定了被加工零件的最终形状与尺寸。实现这一循环的自动化，是切削加工过程能够自动进行的基石。运动循环的自动化可通过多种传动方式达成，包括机械传动、液压传动及气动－液压传动系统。

对于机械传动系统而言，运动的接通与停止是关键环节，常采用凸轮控制、挡块—杠杆控制及挡块—开关—离合器控制等方法。凸轮控制凭借其结构适应性，在大批量单一零件加工中广泛应用；挡块—杠杆控制虽控制简单，但磨损较大，应用有限；而挡块—开关—离合器控制则通过电气或气动元件实现灵活控制，虽控制系统复杂，但应用广泛。此外，快速空行程运动与工作进给的自动转换是机床自动化改装的重点，通过行程开关与离合器的巧妙配合，有效缩短了非加工时间，提升了效率。

气动与液压传动系统，以其结构简洁、安装便捷的优势，在自动循环实现中占据一席之地。特别是气动－液压传动结合，利用压缩空气作为动力源，辅以液压系统的阻尼效应，确保了运动的平稳与调速的便捷。无论是气动还是液压传动，其自动工作循环的核心均在于方向阀的精准控制，通过阀门的开启与关闭，实现对执行元件动作方向与速度的精确调控。

综上所述，加工过程运动循环的自动化，是切削加工效率与精度提升的关键。通过灵活运用机械传动、气动及液压传动等多种技术手段，结合精密的控制逻辑与结构设计，实现了从简单到复杂加工循环的高效自动化运行。

2. 装卸工件自动化

自动装卸工件装置作为自动机床的关键辅助部件，其存在使得加工循环得以连续进行，从而真正将半自动机床升级为自动机床。这一装置，常称为自动上料装置，其核心功能在于自动将工件安装至机床夹具，并在加工完成后自动卸载。其中，自动上料机制尤为复杂多样，而卸料机制则相对结构简单，其工作原理与上料机制有诸多共通之处。

依据原材料及毛坯形态的差异，自动上料装置可细分为三大类：一是卷料（或带料）上料装置，适用于卷状线材或带材的连续送料与加工，确保材料用尽前送料加工不间断；二是棒料上料装置，针对棒状毛坯，实现自动送料至指定长度，单根用完后需人工装填；三是单件毛坯上料装置，常见于锻件或预切单件坯料，其自动化程度与形式多样，以下我们重点介绍。

单件毛坯自动上料装置依据工作特性与自动化级别，主要分为料仓式与料斗式两种。料仓式上料装置属半自动化范畴，需人工定时将工件定向排列于料仓，再由送料机构逐一输送至夹具，缺乏自动定向能力。相较之下，料斗式上料装置则完全自动化，允许工人随意倾倒工件至料斗，内置定向机构自动整理工件，确保有序排列并按生产节拍精确输送至机床夹具，极大地提升了加工效率与灵活性。

3. 自动换刀装置

在自动化加工领域，为了优化生产效率并减少换刀时间，实现换刀过程的自动化显得尤为重要。这其中，刀架的自动转位是核心环节之一，它要求刀架不仅具备高重复定位精度和优良的刚性，以确保加工精度与稳定性，还需设计得便于控制系统操作。刀架的转位机制可以多样化，一种高效的方式是利用刀架的退刀（回程）运动顺势带动转位，这种方式无须额外配置驱动源，通过精心设计的挡块与杠杆机构即可实现，从而简化了系统结构，降低了成本。另一种方法则是采用独立的电动机、气缸或液压缸等作为驱动力，直接驱动刀架进行转位，这种方法提供了更大的灵活性和控制精度，适用于对换刀速度和生产效率有更高要求的加工场景。

三、机械加工自动化生产线

（一）自动线的特征

自动线作为流水线技术的进阶形态，显著减轻了工人的体力负担，极大提升了劳动生产率，同时优化了设备布局，缩短了生产周期，减少了辅助运输需求与非生产性作业，为企业构建了紧凑而高效的工作流程。自动线确保了严格的生产节奏，不仅巩固了产品质量，还加速了资金流转，有效降低了产品成本。然而，值得注意的是，自动线的加工对象相对固定，调整加工品种时需耗费大量时间进行人工干预，且初期投资成本较高，因此，它更适宜应用于大批量生产的场景。自动线通过高度自动化与统一的控制系统，强化了生产过程的连贯性与节奏性，使工件得以按照既定节拍与工艺顺序，在无人工直接介入的情况下，自动流转至各工位并完成预定加工步骤，最终产出符合设计标准的成品。

（二）自动线的组成

自动线通常由工艺设备、质量检查装置、控制和监视系统、检测系统及各种辅助设备等组成。由于工件的具体情况、工艺要求、工艺过程、生产率要求和自动化程度等因素的差异，自动线的结构及其复杂程度常常有很大的差别，但其基本部分大致是相同的。

（三）自动线的类型

自动线的分类可依据工件特性、工艺设备类型及设备连接方式三大维度进行细致划分。首先，从工件外形及加工过程中的运动状态出发，自动线可分为旋转体工件加工自动线和箱体、杂类工件加工自动线。前者专注于轴、盘、环类工件的旋转加工，涵盖车削、磨削等多种工艺；后者则针对固定工件的多面、多轴加工，工艺广泛涉及钻孔、铣削等，并随着技术进步不断融入新工序。

其次，按工艺设备类型划分，自动线包括通用机床自动线、专用机床自动线和组合机床自动线。通用机床自动线依托现有通用机床的自动化改造，成本效益显著，适用于中小尺寸工件的批量加工；专用机床自动线则专为特定工序定制，适用于产品结构稳定、生产规模大的场景；组合机床自动线则凭借其设计周期短、成本低及实践经验丰富的优势，在大批量箱体、杂类工件加工中占据重要地位。

最后，从设备连接方式看，自动线可分为刚性连接和柔性连接两种。刚性连接自动线中，机床依次排列，工件按严格节奏传递，任何一环故障将导致全线停产，因此对设备稳定性要求高；而柔性连接自动线则通过设置贮料装置，允许局部故障时其他工位继续工作，增强了生产线的容错能力与灵活性。

（四）自动线的控制系统

自动线的高效运行依赖于各机床精准完成加工循环的同时，还需输送、排屑、储料、转位等辅助设备与装置的紧密配合与协调作业。这些自动化元素通过先进的控制系统被整合为一个高效运作的整体，确保预定的连续自动工作循环得以顺畅执行。自动线的整体可靠性深受控制系统完善度与稳定性的直接影响。

控制系统作为自动线的神经中枢，主要划分为行程控制、集中控制及混合控制三大类型。行程控制系统依靠各运动部件完成动作后触发的信号来驱动后续流程，其简单直观、成本低廉，且具备一定的互锁性，但在处理复杂动作序列时可能延长工作节拍，增加线路复杂性。集中控制系统则通过统一的主令控制器按预定时间间隔发出控制信号，简化了电气线路，但牺牲了部分连锁性，适用于简单自动线，并需辅以额外的连锁保护。混合控制系统则巧妙融合了前两者的优势，根据自动线实际需求，对关键部件采用行程控制确保安全，非关键部分则采用时间控制简化系统，广泛应用于通用机床及专用机床自动线中，展现了高度的灵活性与适应性。

四、自动线的辅助设备

（一）清洗站

清洗站作为生产流程中的关键环节，根据其工作模式可划分为间歇式（批处理式）与连续通过式（流水线式）两大类。批处理式清洗站专为清洗体积大、质量要求高的零件设计，适合中小批量作业，形式多样，包括倾斜封闭式、工件摇摆式及机器人操作式等，后者通过固定工件、机器人移动喷头实现清洗，部分大型站点还采用悬挂式环形轨道运输工件托盘。流水线式清洗站则针对高零件通过量场景，利用传送带自动送料出料，高效连续。

清洗过程中，高压喷嘴的布局与参数设定至关重要，需确保零件所有表面，尤其是难触及的孔与凹部彻底清洁。清洗液的高压与大流量不仅能有效去除切屑与油脂，还能促进切屑的粉碎与液体的循环利用。清洗后，吹风工序迅速干燥工件，防止清洗液外溢，部分系统采用循环热空气加速干燥过程。

批处理式清洗站通常将切屑与切削液直接排入中央处理系统，而流水线式则配备独立切削液存储箱，实现切屑回收与液体循环利用。清洗机内部筛网与折流板负责过滤杂质，需定期维护以保持效能。

在自动化制造系统中，清洗站接收主计算机或单元控制器的指令，由可编程控制器执行具体操作流程，包括工件托盘的送入与固定、高压清洗、热风吹干、托盘取出等步骤，确保清洗过程的有序进行。另有一种经济型做法是在机床加工区直接进行高压冲洗与压缩空气吹干，虽节省了清洗站投资与搬运时间，但牺牲了部分机床加工效率。

（二）去毛刺设备

传统的手工去毛刺方法因其重复性高、劳动强度大，已逐渐被多种创新技术所取代，实现了去毛刺作业的自动化与高效化。这些方法涵盖了机械法、振动法、喷射法、热能法及电化学法等多元化手段。

机械法利用工业机器人搭载钢丝刷、砂轮等工具，通过精确控制更换打磨工具以适应不同零件需求，有效减轻人力负担。然而，对于复杂零件，通用机器人的刚度和精度限制可能成为挑战。振动法则通过介质（如陶瓷卵石）在筒状容器中的快速振动，对小型回转体或棱体零件进行毛刺去除，方法多样且可根据毛刺类型和零件精密度调整振动强度。喷射法则凭借高压高速介质喷射技术，将毛刺从零件表面剥离，同样属于机械去毛刺的广义范畴。

热能法是一种创新的去毛刺技术，通过氢氧混合气体在密封室内的瞬时爆炸产生高温，将毛刺燃烧成粉末，实现全面彻底的清洁，尤其适用于难以触及的内部结构。而电化学法则利用电化学反应原理，在不直接接触工件的情况下，通过电解作用溶解多余材料，实现精确去毛刺，过程中无热量产生，避免了工件变形。

这些方法各有千秋，共同推动了去毛刺工艺的自动化进程，显著提高了生产效率与产品质量。

（三）工件输送装置

工件输送装置，作为自动线不可或缺的辅助组件，其核心功能在于确保工件精准无误地从一个加工工位流转至下一个，维系着整个生产线的连续高效运作，并将各台自动机床紧密联结成一个协调统一的整体。其设计形态多样，深受自动线工艺设备配置、布局规划、工件自身的结构特点与尺寸规格，以及生产工艺流程特性等多重因素的影响。在特定场景下，如针对小型旋转体零件（如环状零件、圆柱滚子、活塞销、齿轮等）的加工自动线，输料槽成了输送装置的首选。这类输料槽依据动力源的不同，可细分为自重输送与强制输送两种类型。其中，自重输送的输料槽，又俗称“滚道”，凭借其无须额外动力支持、结构简单便捷的优势，尤其适用于小型旋转体工件的自动滚送。而对于那些体积庞大、形状复杂的工件，则更倾向于采用更为灵活多样的输送机械设备，以满足复杂的输送需求。

（四）自动线上的夹具

自动线上的夹具设计主要分为固定式与随行式两大类。固定式夹具稳固地安装于机床部件或专用底座上，不随工件移动，适用于多种加工需求。具体而言，一类固定式夹具在钻、扩、铣、攻螺纹等加工中保持静止，常见于箱体、壳体、盖、板类零件的加工及组合机床自动线；另一类则允许工件与夹具在加工过程中同步旋转，特别适用于旋转体零件的车削、磨削及齿形加工等自动化生产线。而随行式夹具则伴随工件一同输送，是解决工件因缺乏稳定输送基面或材质易损（如有色金属）而无法直接输送问题的有效方案，广泛应用于复杂工件及需特殊保护工件的自动化加工场景。

（五）转位装置

在加工过程中，工件有时需要翻转或转位以改换加工面。在通用机床或专用机床自动线中加工中、小型工件时，其翻转或转位常常在输送过程或自动上料过程中完成，在组合机床自动线中，需设置专用的转位装置。这种装置可用于工件的转位，也可以用于随行夹具的转位。

（六）储料装置

为确保自动线在面临工序节拍差异、设备调整或故障暂停等不连续状况时仍能维持较长时间的连续作业，关键在于引入有效的储料装置，以在工序或工段间建立足够的工件缓冲。这些储料装置可灵活部署于自动线的不同分段衔接处，或直接安置于相邻机床之间，根据实际需求灵活配置。在处理小型工件或加工周期较长的生产线时，工序间的储备量常巧妙地融入输送系统之中，如输料槽、提升机构及输送带等，利用这些输送设备的空间与功能特性实现工件的临时储存。储料装置的具体结构设计则需紧密贴合工件的外形尺寸、输送机制及所需的储备量大小，以确保其既能满足生产连续性的要求，又能优化空间利用与成本效益。

（七）排屑装置

在切削加工自动线的持续运行过程中，切屑的持续产生与有效处理是保障生产流畅与加工质量的关键环节。若切屑未能得到及时清理与排除，不仅会迅速占据并堵塞工作区域，恶化作业环境，还会直接干扰加工精度，甚至导致整个自动线被迫中断作业，影响生产效率。因此，实施一套高效、可靠的切屑排除与收集系统，确保切屑能够被迅速从加工现场移除并妥善运离自动线，是确保切削加工自动线顺畅运行与优质产出的重要措施，不容忽视。

第二节 检测过程的自动化

一、机械制造中的自动检测技术

（一）机械制造中的自动检测方式

机械加工过程，作为原材料向产品转化的关键环节，其顺利执行与高质量控制依赖于对加工过程中各类有价值数据信息的精准把握。这一过程的核心在于检测技术的应用，它不仅是获取、分析、处理制造数据的有效手段，也是保障加工正常进行与质量控制的关键。检测方法多样，涵盖人工与自动，检测对象广泛涉及几何量、物理量及工艺参量。

准确度检测尤为关键，它聚焦于产品或工艺参量的实际值与理想值之间的吻合度评估，即误差分析。误差分为随机误差与系统误差，后者作为检测重点，常源于刀具磨损、机床变形、热变形及导轨直线度误差等因素，直接影响工件的尺寸与形状精度。

在自动化检测领域，依据检测时机与环境的不同，其可分为离线检测、在位检测与在线检测。离线检测在加工完成后进行，虽能评估成品质量，但难以反映加工过程中的动态变化；在位检测则直接在机床加工位置进行，结果更接近实际加工状况，便于即时返修；而在线检测，作为动态检测的代表，能够实时监控加工过程，通过反馈机制调整加工参数，预防废品产生，其高自动化程度与实时性优势显著，但实施难度亦较大，需克服传感器布置、信号干扰等多重挑战。

在线检测进一步细分为直接检测与间接检测，前者直接针对工件加工误差进行补偿，虽直观有效但实现复杂；后者则聚焦于误差源的检测与补偿，实现途径相对简便。随着计算机技术的融入，自动检测的应用范畴已扩展至生产全过程，不仅强化了质量管理，更成为自动加工系统中不可或缺的一环。

（二）自动检测装置

1. 检测装置的发展

尽管人工检测因操作简便而在生产加工中持续占据一席之地，且检测工具持续进化，但面对市场竞争的加剧、产品结构的复杂化、设计制造周期的缩短，以及加工设备向大型化、连续化、高速化、自动化迈进的趋势，人工检测在精度与速度上的局限性日益凸显，难以满足现代生产的需求。在此背景下，计算机与信息技术的深度融合推动了自动化检测技术的迅猛发展，催生了一系列高精尖的自动化检测装置。这些装置覆盖了尺寸、形状、表面粗糙度、刀具状态等多维度检测需求，如定尺寸检测装置、三坐标测量机、激光测径仪、机器视觉系统、3D 表面粗糙度测量系统，以及基于声发射、红外、探针等技术的刀具磨损监测装置，还有利用切削参数间接评估刀具状态的装置等，共同构建了高效、精准的自动化检测体系。

高效自动检测设备的研发，不仅是推动自动化生产不可或缺的前提，也是响应机械加工产品对精度与表面质量日益严苛要求的必然之举。随着科技的不断进步，检测装置的性能边界被持续拓展，无论是针对微小尺寸的电容式、光电子纤维光学传感器，还是适用于大尺寸测量的激光干涉仪、光栅尺，均展现出了前所未有的精度与稳定性，分辨率可达纳米级，为精密制造提供了坚实的技术支撑。

2. 自动检测装置分类

自动检测装置品类繁多，其分类方法多样，涵盖了测量原理、接触方式、检测目的、检测方式及应用时间场合等多个维度。从测量信号转换原理来看，可分为电气式（如电感、互感、电容、电接触及光电式）与气动式（如浮标、波纹管、膜片式）。依据测量头与被测物的接触情况，则分为接触式（单点、两点、三点式）与非接触式，后者利用气压、光束或射线等非接触手段进行测量，有效避免了接触磨损对精度的影响。按检测目的，测量装置可分为尺寸、形状、位置及表面纹理粗糙度测量等，覆盖宏观至微观的不同尺度。从检测方式划分，包括离线被动检测、在线主动检测及工序间检测。

在自动化机床的应用中，根据时间场合，主动检验装置分为加工前、加工过程中及加工后检验三种。加工前检验实例较少，如活塞加工前的自动称重定位。加工过程中的自动测量装置应用广泛，与机床、刀具、工件构成闭环系统，实时反馈控制，减少误差。加工后的自动补偿装置则根据工件尺寸信号监测刀具磨损，适时调整防止废品产生。而加工与检验一体化的综合自动检测系统，通过实时监控与反馈，自动调整加工参数，实现最优控制效果，确保产品质量。

3. 测量元件和传感器

高性能数控机床的核心组件包括高精度位置测量元件与先进的测量反馈控制系统，这些系统要求测量元件具备 0.001 mm 至 0.01 mm 的分辨率，且测量精度需维持在 ±0.002 mm/m 至 0.02 mm/m，同时能支持机床以超过 10 m/min 的速度高效移动。此外，配备数字显示装置的机床同样依赖于位置测量元件来实现精准定位。

在先进的制造环境中，接触式测量技术以坐标测量机和三维测头为代表，坐标测量机通过计算机控制，与 CAD/CAM 系统无缝集成，形成包含计算机辅助质量控制在内的综合体系，极大地提升了测量与制造流程的自动化与智能化水平。三维测头则广泛应用于数控机床及机器人测量站，执行高效自动检测任务。

另外，非接触测量方法则涵盖了光学与非光学两大类。光学方法利用先进的视觉系统与激光技术，实现对目标的精确测量与定位；而非光学方法则主要依赖电场原理，辅以超声波和射线技术，通过不同的物理手段捕捉目标特征，为现代制造业提供了多样化的高精度测量解决方案。

二、工件加工尺寸的自动测量

工件加工尺寸精度是直接反映产品质量的指标，因此，许多自动化制造系统中都采用自动测量工件的方法来保证产品质量和系统正常运行。

（一）工件尺寸的检测方法

工件加工尺寸精度的检测方法主要划分为离线检测与在线检测两大类。离线检测涉及对加工完成后的工件进行全面评估，其结果分类为合格、报废及可返修，通过误差统计分析揭示尺寸变化趋势，进而指导人工调整加工流程。此类检测依赖于三坐标测量机、测量机器人等专用设备，虽应用广泛，但反馈周期较长，难以及时反映加工质量动态。相比之下，在线检测则实现了加工过程中的即时监控与调整，通过实时数据分析，利用反馈机制精确控制加工参数，如数控程序或刀具补偿值，确保工件尺寸维持在预设范围内。在线检测细分为工序间与最终工序检测，前者允许在加工循环内即时检测并补偿精度偏差，后者则侧重于工件最终精度的验证与误差根源分析，促进加工过程的持续优化。其核心在于利用机床集成的测头，在工步或走刀间隙内检测工件几何精度，并将结果直接反馈至数控系统，动态调整机床运动参数，从而确保加工质量的持续稳定。坐标测量机作为在线检测的关键工具，依据精度与自动化水平分为生产型与精密型、手动、机动及计算机直接控制等类别，在自动化制造系统中，计算机直接控制的生产型坐标测量机因其高效与精准而备受青睐。

（二）工件尺寸的自动测量装置

工件尺寸与形状的在线测量，作为自动化制造体系中的关键环节，对于控制加工误差至关重要。加工误差可细分为随机误差与系统误差，后者常源于刀具磨损、机床变形、热变形及导轨直线度误差等因素，其控制难度较大。因此，实时在线检测成为减小系统误差影响的有效手段。然而，目前除磨床上的定尺寸检测装置及试验性质的摩擦轮方式外，实际可用的在线测量装置尚显不足，尤其是针对工件形状与尺寸的实时在线检测系统，仍需深入研究。

实现工件尺寸的自动测量依赖于先进的测量装置。以磨床专用自动测量装置为例，其能在大批量生产环境下，实现加工过程中的自动尺寸检测，并据此调整机床操作，如变换切削参数、停止进给等。三维测量头则将 CMM 的高精度测量能力引入数控机床，通过直接安装测量头于机床，实现加工与测量的一体化，提高加工效率与精度，尽管会占用部分切削时间。激光测径仪作为非接触式测量工具，在热轧制件生产线中表现出色，能应对高温、振动等恶劣环境，确保产品尺寸控制的即时性与准确性。

对于工件的微观几何信息，如圆度、垂直度等，其在线检测技术尚不成熟，多依赖于传统离线检测方法，如刀口法、标准导轨测量法等，这些方法的在线应用面临挑战。此外，随着工业机器人的普及，机器人辅助测量以其灵活性、高效性在自动化制造系统中展现出广阔前景，分为直接测量与间接测量两种模式，前者要求机器人具备高精度运动与定位能力，后者则通过机器人将测量工具精准送达测量位置，对传感器与测量装置提出更高要求，以弥补机器人运动误差，实现精准测量。

（三）加工过程的自动在线检测和补偿

1. 自动在线检测

自动线作为机械加工自动化的核心途径，在大批量生产中展现出卓越的生产效率和显著的技术经济效益。其核心在于实时、全面的检测能力，需精准捕捉工件质量参数、加工状态及设备信息，以便即时调整设备参数与工艺设置。自动在线检测便是在此背景下应运而生，它依据信号处理原理，在设备持续运行状态下，动态监控并分析设备运行状况，预测潜在问题，并据实调整生产线。当设备运行中产生的物理、化学信号及几何参数偏离正常范围时，即视为异常，而这些关键信号的捕获依赖于高效的在线检测技术。

根据应用深度与广度，自动在线检测可细化为自动检测、机床监测与自适应控制三个层面。自动检测构建了加工闭环系统，通过在线装置实时监测工件尺寸变化，反馈至控制系统以调整加工过程。机床监测则侧重于收集机床、产品及加工过程的实时数据流，与预设技术数据比对，实现机床优化。自适应控制则使加工系统能灵活应对环境变化，自动调整以适应新情况，其实现方式包括机床内置检测装置与自动线检测工位设置。

具体到机械加工，在线检测涵盖自动尺寸测量、自动补偿测量与安全测量，确保加工精度与效率。现代加工中心集成了综合在线检测功能，如工件识别、余量检查、零基准定位、尺寸公差校验及数据报告等，而自动化单机则配备自动尺寸测量与补偿装置，避免停机调刀，提升加工精度与效率。当零件达标，机床自动退刀；遇废品风险，则停机待调或自动调整刀具与切削参数。由具备自动检测功能的机床组成的自动线，同样具备尺寸与补偿测量能力；对于组合或专用机床自动线，则通过设置检测工位监控尺寸精度，超差时报警，人工介入调整。

2. 自动补偿

在追求工件加工精度的同时，频繁停机调刀不仅牺牲了生产效率，更对自动化生产线的整体产出与产品质量构成了威胁。因此，解决加工过程中的自动测量与刀具自动补偿问题显得尤为迫切。补偿机制的核心在于通过多次微量调整刀具，以应对切削刃磨损导致的尺寸偏差，其调整量依据工件的精度需求与刀具磨损状况而定，调整越精细，则补偿精度越高，工件尺寸的一致性也越强，但这对补偿执行机构的灵敏度提出了更高要求。

误差补偿的实现路径可划分为硬件补偿与软件补偿两大类别。硬件补偿依赖于先进的测量系统与伺服驱动技术，直接作用于机械结构以修正误差，是当前机床领域的主流做法。而软件补偿则专为应对复杂设备如三坐标测量机与数控加工中心的热变形误差而设计，通过预先测定并存储热变形数据，结合实时温度监测，利用补偿软件动态调整加工参数，实现几何误差与热变形误差的双重修正。

值得注意的是，自动调整过程相较于实际加工存在滞后性，为避免工件尺寸超限导致废品产生，必须预设安全边界，即在公差带上下限外设置警告界限。一旦工件尺寸触及警告线，补偿软件即刻启动，指挥补偿装置按预设量进行调整，确保工件尺寸迅速回归至公差带内，从而有效保障加工质量与效率。

三、自动化加工过程的检测和监控

（一）监控系统的组成和功能

确保加工过程的有效监控是机械制造自动化不可或缺的核心要素，这一目标的实现依赖于复杂而精密的在线监控技术，该技术横跨传感技术与计算机技术等多元领域。自动化加工监控体系架构主要由四大子系统紧密协作构成：首先是信号检测系统，它负责捕捉机械加工中纷繁多样的状态信号，如切削力、功率等，这些信号作为监控的基石，需具备即时性、准确性、稳定性及非侵入性，确保能够忠实反映加工动态而不干扰生产流程；随后是特征提取系统，该环节对原始信号进行深度加工，运用时域、频域等方法提炼出最具代表性的特征参数，旨在优化信噪比，增强系统抗干扰能力，特征参数的质量直接关联到监控系统的整体效能与可靠性；接着是状态识别系统，通过建立科学的识别模型，将提取的特征参数映射至具体的加工状态，分类判断加工进程，此过程涵盖统计法、模式识别、专家系统、模糊推理及神经网络等多种建模技术；最后是决策与控制系统，依据状态识别的结果，该系统迅速响应，通过调整切削参数、刀具更换、工艺优化等措施，精准解决加工故障，确保决策过程实时、高效、准确且适应性强，从而全面掌控加工过程，推动机械制造自动化向更高水平迈进。

（二）刀具的自动监控

1. 刀具寿命自动监控

刀具寿命检测机制的核心在于精准追踪刀具加工时间的累积，以此直接评估并管理刀具的使用寿命。一旦累计时间触及预设的刀具寿命阈值，系统会即刻触发换刀信号，促使计算机控制系统暂停当前加工任务，或在完成当前工件加工后自动停机以进行刀具更换。这一过程充分利用了检测设备的定时与计数功能，实现了对刀具寿命的高效管理。此外，还存在一种基于功率监控统计数据的创新刀具寿命监测技术，该技术摆脱了预先设定刀具寿命的限制，而是通过分析“净功率—时间”统计曲线与动态调整时钟频率信号，灵活适应不同类型的刀具及切削条件。该技术能实时展示刀具剩余寿命的百分比，当其达到100%时，即表明刀具已接近临界磨损状态，需立即进行更换，从而确保了加工过程的连续性与高效性。

2. 刀具磨损、破损的自动监测

（1）监测切削力

切削过程中产生的切削力，作为切削用量设定与切削机床设计的核心依据，同时也是切削过程的关键特征指标与自动化加工监控的关键信号，对于实现切削过程的自适应控制至关重要。切削力的动态变化与刀具的磨损、破损状态紧密相连，其对刀具状态的高度敏感性使得切削力成为监测刀具健康状况的重要参数。当刀具逐渐磨损或轻微破损时，切削力会逐渐上升；而刀具的突发性崩刃或严重破损则会导致切削力在多个方向上的显著增大。因此，通过监测切削力的变化或其比值、比值的导数，我们可以有效地判断刀具的磨损与破损状况。

测力仪作为测量动态切削力的关键工具，能够同时捕捉各向切削分力及扭矩信息。依据测量方法与传感器类型，测力仪可分为机械式、液压式、电容式、电感式、炭堆电阻式、电阻应变片式及压电晶体式等多种。其中，压电晶体传感器因其卓越的灵敏度和微小的受力变形特性，应用日益广泛。石英晶体作为压电传感器的核心材料，其独特的各向异性使得不同方向的切片对特定方向的力更为敏感，从而避免了多向分力间的相互干扰，提高了测量精度。

典型的切削力测量系统集成了测力计、电荷放大器、信号采集卡、计算机及专用切削力测量软件。该系统通过压电传感器捕捉切削过程中产生的电荷信号，经电荷放大器放大并转换为电压信号，再由信号采集卡输入计算机处理。专用软件则负责处理这些电压信号，输出切削力的具体数值或绘制力的变化曲线。为确保测量准确性，测力仪需经过严格的静态与动态标定，以便将电压输出值准确转换为对应的力值。

（2）监测功率

功率监测法是通过测定主轴负荷功率或电流电压相位差及电流波形变化等来确定切削过程中刀具是否破损。刀具磨损或破损时，因切削力的增大，造成切削功率的增加，从而使机床驱动主运动的电机负载变大。

（3）监测声发射

声发射（AE）技术作为一种前沿的监控手段，在刀具破损识别领域备受瞩目。声发射现象本质上是固体材料在遭受外力或内力作用时，因变形、破裂或相位变化而以弹性应力波形式释放能量的过程。这一现象产生的信号可通过压电晶体等高精度传感器有效捕捉。在切削加工场景中，刀具的锋利状态直接影响其切削效率与能量释放特性：锋利的刀具切削顺畅，释放的变形能有限，相应产生的AE信号微弱；反之，刀具磨损加剧会导致切削阻力上升，刀具变形显著，进而激发高频、高强度的AE信号，特别是在刀具即将破损前，AE 信号会急剧攀升。基于这一物理规律，科研人员开发了刀具破损声发射监测系统。该系统通过在工作台上部署声发射传感器，实时捕捉钻头破损时释放的特征信号，并经过精密的信号分析与处理流程，一旦确认钻头破损事实，系统即刻发出换刀指令，以确保加工过程的连续性与安全性。

（4）监测振动信号

振动信号作为刀具状态监测的敏感指标，对于小直径钻头、丝锥等易损刀具的磨损与破损具有高度的预警作用。为预防这些刀具在攻螺纹等关键工序中突然折断，导致生产中断及废品堆积，可在前置工位部署刀具破损自动检测系统，该系统集成加速度计于刀架垂直方向，实时捕获并传输振动信号。这些信号历经放大、精细滤波及模数转换处理后，输入计算机进行深度数据分析与特征比对。一旦计算机识别到刀具磨损引发的振动特征量逾越预设阈值，立即触发换刀信号，确保生产安全连续。

然而，刀具的正常磨损与异常磨损界限模糊，为不同工况下精准设定振动特征量的临界值带来挑战。因此，我们需借助模式识别技术构建动态调整的判断函数，该函数能在切削作业中自适应地修正界定值，从而确保在线监控的准确性和可靠性。此外，振动参数的选择需精确无误，且需有效剔除切削过程中可能干扰监测结果的敏感频段噪声，以进一步提升监控系统的鲁棒性与实用性。

（5）监测切削温度

在切削与磨削过程中，高达 97% ~99% 的功能消耗转化为热能，这些热能主要通过切屑、工件及刀具散发，少量则辐射至周围环境。切削热与磨削热不仅可能导致工件变形，影响加工精度，还可能引发工件表面金相组织变化乃至烧伤，降低零件耐磨性，同时也是刀具磨损的重要因素之一。因此，实时在线监测切削与磨削温度对于精准控制加工过程、促进自动化生产至关重要。

针对切削与磨削温度的测量，热电偶法与红外测温法最为常见。热电偶法巧妙利用刀具与工件构成的自然热电偶效应，通过测量切削时刀具 - 工件接触面的温差电势来推算平均温度，但需注意冷端温度补偿及高速旋转部件信号导出问题。红外测温法则基于物体热辐射原理，实现非接触式快速测温，适用于单点、动态及多点温度分布测量，结合计算机数据处理技术，红外自动测温在自动化生产中展现出巨大潜力。然而，由于工件与刀具并非理想黑体，红外测温前需进行标定，建立表面温度与辐射强度的对应关系。

为进一步直观展现温度分布，红外热像仪成为高级测量工具，其能捕捉并转换红外辐射为可视热图像，直观展示物体表面温度差异。现代红外热像仪还融合了可见光图像合成、动态监视与图像保存功能，配合计算机视频与图像处理技术，为加工过程的温度监控提供了全面而高效的解决方案。

（6）检测工件已加工表面

相对于其他的监测方法而言，这类非接触式刀具状态监测方法具有所需设备和时间少、激光可以远距离发送和接收的优点，目前得到一些应用，并可能逐步发展成为刀具状态监测的重要手段。

（7）多传感器信息融合

尽管间接检测刀具磨破损状态的方法众多，每种方法均展现出独特优势与局限性。为追求理想的刀具磨损监控效果，构建一个对刀具状态变化高度敏感而对切削条件波动不敏感的磨损检测模型至关重要，同时需开发灵敏、稳定且实用的测量装置作为支撑。鉴于单一传感器技术受限于信息来源单一、信息量不足及抗干扰能力弱等问题，刀具状态监测正逐步向多传感器融合方向演进。多传感器监测技术通过集成多种传感器，在线监测切削过程中的刀具状态，不仅拓宽了信息覆盖范围，还显著增强了系统的抗干扰能力。这种技术能够综合多种特征参数，更全面、精准地刻画切削过程特性，且传感器布局不影响机床的正常加工性能，预示着良好的工业应用潜力与广阔前景。

（三）加工设备的自动监控

自动化加工设备在运行过程中，由于承受力、热、摩擦及磨损等多重因素作用，其零部件与元器件会产生物理、化学信号及几何参数的动态变化。当这些信号与参数偏离正常范围时，即视为设备运行异常。加工设备的自动监控旨在及时检测并诊断这些故障，核心策略是将实时监测数据与预设技术数据进行对比分析，并据此优化控制策略。监控流程始于状态量监测，利用传感器持续追踪振动、温度、压力、油料成分、电压、电流及声发射等关键参数，以评估设备健康状态。例如，异常振动可能预示轴承、齿轮损坏，温度波动则反映主轴轴承磨损情况，而油压、气压监测能预警泄漏问题，润滑油分析预测磨损趋势，电压电流监控电子元件状态，声发射信号则有助于识别轴承、齿轮破裂。

在收集状态量数据后，我们需通过高级信息处理技术判别设备是否异常。对于渐变状态量，平均值分析有效；但若状态量方差增大而均值不变，则需方差分析。特定故障，如滚动轴承损伤，其高频振动信号需通过相关分析、频谱分析等高级信号处理方法方能准确识别。

然而，状态监测与异常判别仅能揭示设备异常，却难以直接定位故障原因。故障诊断的核心难点在于识别故障根源，这往往耗时且复杂。为此，人工智能、专家系统等先进技术被引入自动化设备故障诊断领域，以应对日益复杂的设备结构与多学科技术融合的挑战。同时，设备的模块化、数字化、智能化趋势也为高效故障诊断提供了有力支持，推动了故障诊断技术的持续进步。

第三节　物料供输自动化

一、物流系统

（一）物流系统及其功用

物流，作为物料流动的动态过程，依据物料性质的差异，可细分为工件流、工具流与配套流三大类别。工件流核心涵盖原材料、半成品及成品，构成生产循环的基础；

工具流则聚焦于刀具与夹具，是加工操作不可或缺的辅助元素；而配套流则广泛包括托盘、辅助材料及备件等，为生产活动提供全方位支持。

在自动化制造体系内，物流系统扮演着至关重要的角色，它统筹管理工件流、工具流与配套流的移动与存储，确保物料的有序流转。该系统集存储、输送、装卸与管理功能于一体：存储功能旨在妥善安置处于等待状态的工件，实现高效缓存；输送功能确保工件精准无误地在各工位间流转，遵循既定的加工工艺路径；装卸功能通过自动化手段，优化加工与辅助设备的上下料流程，提升生产效率；管理功能则聚焦于物料流动过程中的动态追踪与精准识别，保障物流系统的顺畅运作与高效管理。

（二）物流系统的组成及分类

单机自动化供料系统集成了储料器、隔料器、上料器、输料槽及定向定位装置等关键组件，协同作业以实现单机的自动上下料流程。而自动线输送系统则更为复杂，它涵盖了连续输送机、通用悬挂小车、有轨导向小车及其随行夹具返回装置，共同承担起自动线上物料的顺畅输送任务。进一步，在柔性制造系统中，物流系统扮演着至关重要的角色，该系统由自动导向小车、积放式悬挂小车、积放式有轨导向小车、搬运机器人及自动化仓库等先进设备构成，确保了 FMS 内物料的高效传输与精准管理。

（三）物流系统应满足的要求

①应实现可靠、无损伤和快速的物料流动；

②应具有一定的柔性，即灵活性、可变性和可重组性；

③实现“零库存”生产目标；

④采用有效的计算机管理，提高物流系统的效率，减少建设投资。

二、物流系统化下的物流整合对策

当前，我国众多企业普遍面临物流费用高企的困境，这已成为制约产品成本控制与企业利润增长的重大瓶颈，凸显出加强物流管理的紧迫性。然而，部分企业在努力优化物流管理的征途上遭遇了难题：尽管对运输、储存、包装等物流关键环节进行了细致改进，物流成本却依然居高不下。这一悖论的核心在于物流领域的“效益背反”现象，即物流系统内部各要素之间存在着相互制约的关系，任何单一要素的改进都可能引发其他要素的不利变化，导致整体效益未能如愿提升。具体而言，追求某一环节效率的提升，往往会以牺牲系统其他部分的效能为代价，这种内在的张力广泛体现在企业物流活动的各个环节，严重阻碍了物流成本的降低与效率的提升。因此，企业必须从系统论的角度出发，树立全局观念，采取物流整合策略，通过协调与优化物流系统的整体运作，打破“效益背反”的桎梏，实现物流成本的有效降低与物流效率的显著提升。

（一）物流系统与物流整合

1. 物流系统的内涵

“系统”概念核心在于将相互关联、相互依存的要素整合为统一体，以达成共同目标。物流系统正是这一理念的体现，它将物流活动的各个环节——运输、保管、包装等视为一个相互影响、制约且紧密协作的有机整体，通过优化组合与协调运行，实现综合效益的最大化。物流之所以成为“物流”，关键在于其“系统化”特性，这是现代物流相较于传统物流的根本区别所在。物流系统化理论倡导从整体视角出发规划物流活动，旨在提升物流效率、削减成本，并追求物流服务的最优化。美国所推崇的“整体化物流管理系统”，正是强调超越部门界限，以全局利益为导向，实施统一规划与管理的典范。

物流系统涵盖四层深意：首先，它指的是物流内部各环节（如运输、包装、储存）构成的完整体系；其次，它体现在企业内部各作业环节间的无缝衔接与协同；再次，它跨越企业边界，将供应链上的所有企业联结为一个紧密合作的整体；最后，它着眼于全社会物流资源的优化配置与整合。物流系统化的精髓在于统一性、协调性与整合性，其终极目标是围绕顾客需求，实现成本最小化与效益最大化，而这一切的核心在于物流的整合策略。因此，系统化不仅是物流管理的基石，也是物流系统高效运作与持续优化的必由之路。

2. 物流整合是物流系统化的关键

物流整合作为一项关键策略，其多维度优势显著促进了企业运营的优化与竞争力的提升。首先，通过整合物流，企业能够从全局视角出发，合理规划物流流程与组织架构，有效削减不必要的成本开支，实现降本增效的目标。其次，物流整合强化了整体物流效益，不仅提升了物流运作的效率，还深刻践行了“以顾客为核心”的服务理念，增强了客户体验与满意度。再次，整合促使供应链上的各成员企业间建立起紧密的合作关系，通过资源共享与优势互补，实现了物流资源的优化配置，进一步提升了物流管理的精细化与高效化水平。最后，从行业层面来看，物流整合是我国物流业迈向高质量发展的必由之路，它有助于优化物流产业结构，提升整体服务品质与运营效率，从而在国际竞争中占据更加有利的位置。

（二）物流整合的对策

1. 物流各环节、各子系统的整合

物流系统化的首要前提是各子系统的深度整合，这意味着运输、储存、包装、装卸等作为物流的关键组成部分，必须被视作一个不可分割的整体进行统一规划与优化。物流系统中普遍存在的“效益背反”现象警示我们，孤立地改进某一环节往往难以有效降低整体物流成本，反而可能因各环节间的相互制约而导致整体效益受损。因此，物流整合的策略必须从全局视角出发，将运输、储存、包装等各环节视为一个协同运作的有机体，通过整体规划与合理组织，实现物流资源的优化配置与高效利用。唯有如此，我们才能从根本上打破效益背反的桎梏，达成物流成本的有效降低与整体效益的显著提升。

2. 企业与企业之间的整合——供应链一体化管理

在全球经济一体化的浪潮下，物流业务范畴持续拓展，其现代形态已超越传统边界，涵盖从原材料采购供应到生产、销售乃至回收的全方位综合物流体系。这一体系中，物流活动串联起供应商、制造商、批发商及零售商等多元企业主体，共同构建起错综复杂的供应链网络。然而，由于各企业往往基于自身成本最小化与效益最大化的考量进行独立运作，导致供应链内部出现了“效益背反”现象——个体企业的高效运营未必能带动整体供应链效益的提升，反而可能因局部优化而牺牲全局利益，最终影响到供应链中每一成员的福祉。

为破解这一困境，加强企业间的协同与整合成为关键，催生了供应链一体化管理的理念。供应链管理，作为一种先进的管理模式，它深刻洞察并精准把握供应链各环节的内在逻辑与相互依存关系，通过科学运用管理的计划、组织、指挥、协调与激励职能，对物流、信息流、资金流、价值流及业务流等核心要素实施全方位调控，旨在实现资源的最优配置与流程的最佳组合。这一管理理论摒弃了狭隘的局部管理视角，转而采用系统性的思维与方法，对物流系统进行深度整合，确保整个供应链系统能够高效协同运作，以最低成本、最快速度向顾客提供最大价值，从而推动供应链整体效益的最大化。

3. 全社会物流资源的整合

从社会整体视角审视，物流领域同样面临着显著的“效益背反”挑战，具体表现为服务标准化与规范化缺失、企业自营物流盛行导致的效率低下与资源浪费、供需不匹配引发的浪费加剧，以及市场分割严重限制了物流资源的有效利用，进而造成无效作业堆积、物流速度放缓与成本攀升。当前，我国各地物流热潮涌动，物流园区与物流中心建设遍地开花，但不少项目因缺乏合理规划而陷入闲置困境。为强化物流企业的市场竞争力，我们亟须打破地域与行业壁垒，从宏观层面推动物流的深度整合。

宏观物流整合策略应聚焦于几大关键领域：首先是树立物流系统化理念，深刻认识其在现代物流管理中的核心地位与整合物流的决定性作用；其次，物流布局规划必须从宏观、整体视角出发，跨越条块分割，促进跨部门、跨行业的物流协同；针对当前物流建设热潮，先应通过行政与市场双重手段，严格审核项目，实施宏观统一布局，确保物流中心与园区的建设既符合市场需求又经政府科学规划，实现资源优化配置；最后，信息化建设是物流整合不可或缺的一环，通过构建高效的信息管理系统，促进信息流通，确保客户需求、库存状态及最优路径等关键信息的准确、及时传递，这是保障物流高质量、高效率运作的基石，也是实现物流整合的必要条件。

三、物流系统中生产物流的管理与控制

（一）生产物流的特征及不同类型生产物流特征比较

生产物流，作为企业内部生产活动不可或缺的一环，其内涵丰富且多维。从工艺视角审视，生产物流紧密伴随生产工艺流程，见证原材料、半成品至成品在生产工序间的顺畅流转，其系统边界始于物料进厂卸货，终于成品包装入库或外运。从物流范围来看，生产物流局限于企业边界之内，穿梭于车间、工段、作业区及仓库间，确保物料在企业内部的有效循环。而从物流属性维度解析，生产物流是物料在时间与空间维度上的动态运动体系，它连接着各个独立的生产环节，构成一个动态且高效的生产系统。

生产物流的核心特征体现在连续性、协调性、节奏性与柔性四个方面。连续性要

求物料流动在时间与空间上的无缝衔接，以最小化等待时间，优化空间布局；协调性则强调各生产环节生产能力的均衡匹配，避免瓶颈与过剩现象，减少整体或局部的停滞；节奏性旨在维持生产速度的稳定性，确保在规定时间内完成既定产量；而柔性则赋予了生产系统快速适应产品转换的能力，满足市场多元化、个性化的需求。

基于物流的连续性、产品种类及产量规模，生产物流可细化为五大类型：项目型生产物流，专注于大型定制化项目；单件小批量型，灵活应对少量多样需求；多品种小批量型，平衡多样性与效率；单一品种大批量型，强调规模化与标准化生产；以及多品种大批量型，兼顾多样性与高效产出，满足复杂市场需求。

（二）不同生产模式对生产物流管理与控制的影响

生产模式的演变深刻塑造了物流模式的发展轨迹，不同生产模式不仅反映了企业在特定市场环境下的生存智慧，还对其管理、物流、组织及协作方式产生深远影响。从作坊式单件生产到福特流水线式的规模生产，再到多品种小批量的精益生产，物流系统逐渐从无到有，并在后者推动下迅速成长。

在规模生产模式下，物流活动被高度标准化和计划化，以物料消耗定额和生产进度计划为核心，辅以库存制度协调采购与供应，确保生产连续性与成本控制。库存成为应对不确定因素的关键缓冲，体现了风险管理的重要性，同时也促进了生产、物流与销售系统间的紧密协同。

然而，面对市场需求的快速变化与消费者偏好的多样化，精益生产模式应运而生，它通过优化物流技术、消除无效作业来适应新环境。精益物流管理分为推进式和拉动式两种模式。推进式依赖信息化预测需求，按计划推动生产流程，强调计划性与计算机控制，保障物料供应的稳定性。而拉动式则围绕实际需求展开，通过“看板”系统实现工序间的即时需求传递，确保物流与生产同步进行，减少库存积压与生产周期，实现高效、灵活的生产物流协同，最大化地降低物流成本并紧密围绕客户需求运作。

（三）生产物流管理与控制的方法

1. MRP 和 MRP Ⅱ

MRP（物料需求计划）是由 IBM 公司开创的一种先进生产物流管理模式，旨在解决传统订货法在市场复杂性增加时导致的库存失衡问题。MRP 通过精准分析产品结构层次，逆向推算出各零部件的生产与投入时间、数量，并依据完工期限设定订单优先级，确保生产链上物料的适时供应，有效减少了因部件不匹配造成的库存积压，优化了资金占用。

MRP 体系由生产计划和计划执行控制两大板块构成。生产计划阶段，企业依据市场需求预测、订单合同等制定总体产出规划及产品/半成品主生产计划（MPS），进而依托 MPS、产品结构、物料清单及库存状态，细化生成从属部件的 MRP，明确各加工与采购部件的具体计划。在执行控制层面，则通过调度单、派工单管理生产优先级，利用请购单、采购单调控采购顺序，并借助工时量监控能力与物流，形成闭环反馈机制，确保生产计划既稳定灵活又市场适应性强。

进一步，MRP Ⅱ将 MRP 概念拓展至企业全资源管理与财务整合层面，将能力需求计划、车间作业计划、采购计划等纳入统一框架，构建起覆盖经营、生产、销售、现金流等多维度的综合信息系统。MRP Ⅱ不仅实现了企业内部信息的全面集成，还运用管理会计原理量化系统运营效益，达成了物流信息与财务数据的无缝对接，极大地提升了企业管理的精细度与决策效率。

2. ERP——企业资源计划

ERP 系统作为 MRP Ⅱ的进阶形态，不仅深化了物料需求计划的功能，更将物流、资金流、信息流及供应商资源全面融合，构建了一个以供应链为核心，紧密响应消费者需求的综合管理网络模型。ERP 的核心策略在于强化企业间的协同合作，以灵活应对市场需求的瞬息万变，推动整条供应链向柔性化战略转型，有效降低运营风险，提升整体盈利能力。

ERP 系统的三大显著特征首先体现在其面向供应链的全方位管理集成上，它不仅涵盖了 MRP Ⅱ的基础功能，还扩展至运输、仓储、数据分析、质量管理及跨国经营等物流全链条管理，同时兼容多种生产模式，并支持远程通信、电子商务及 EDI 等现代商务模式。其次，ERP 采用了前沿的网络通信技术与计算机辅助软件设计，确保了跨平台的无缝对接与高度自定义的用户体验，极大地增强了系统的灵活性与适应性。最后，ERP 作为业务流程重组的重要工具与深化，通过信息技术的深度应用，推动企业流程的根本性再造，旨在实现业务流程的精简高效与信息的即时畅通，为企业的持续增长奠定坚实基础。

3. 约束管理理论

约束管理理论（TOC），亦称最优生产技术，聚焦于识别并优化生产流程中的“瓶颈约束资源”，以全面提升系统整体效能。该理论基于系统论视角，认为生产系统作为一个投入产出体系，内部必然存在相互制约的因素。TOC 的核心在于识别并改善系统中最为薄弱的环节——制约整体功能发挥的约束因素，以此促进系统功能的最大化。

TOC 指出，企业面临的约束因素广泛分布于市场、资源、能力、流程、渠道及人力资本等多个层面，其中市场、资源和物流能力尤为关键。为有效缓解乃至消除这些约束，企业应采取多重策略：首先，重构企业目标与作业评估体系，将目标设定为利润最大化，并确立有效产出、库存及运行费用（尤其是物流费用）作为核心衡量指标；其次，深入剖析生产流程，精准定位瓶颈环节，通过针对性措施减轻或突破瓶颈限制，推动系统持续优化；再次，依据物料流动特性将企业划分为 V 型（多品种原料生产多样产品）、A 型（多种原料生产少量产品）及 T 型（多原料生产多品种产品）三类，以便更精确地识别与控制约束因素；最后，引入“鼓 - 缓冲器 - 绳”系统控制法，即以瓶颈资源（鼓）为核心规划主生产计划，设置时间或库存缓冲以配合非瓶颈资源（缓冲器），并通过信息传递机制（绳）确保生产流程均衡、高效运行，如同团队协作牵引同绳，共同遵循瓶颈资源的节奏前进。

四、自动线输送系统

（一）防治带式输送机跑偏技术

1. 输送机跑偏的原因分析

针对输送机跑偏问题的深入调查总结显示，输送机跑偏的根源可大致归结为两大类原因。首要因素是安装过程中的质量控制不足，具体表现为安装精度不达标，如滚筒中心线与接头处未保持平行，输送带两侧运行速度不均导致张紧力较大侧发生跑偏，输送带连接设计不合理引发受力不均跑偏，以及未能及时替换故障机械部件，造成局部阻力失衡。另一大类原因则源于机械运行过程中的维护缺失，技术人员未按规程执行定期维修保养，导致设备内部构件严重磨损，性能下降；维护作业时忽视对滚筒、托辊等关键部位的清洁，煤泥积累改变筒径，引起张紧力不均而跑偏；此外，带式输送机在采掘面延伸或回缩机尾后，未适时调整机尾滚筒位置，使其轴线偏离中心线，也是跑偏的常见原因；同时，启动时机尾被输送带牵引偏移或长期运行导致的输送带松弛变形，同样会造成跑偏现象。

2. 输送带跑偏受力分析

为了深入剖析输送带跑偏的根源，我们需细致分析输送机在跑偏状态下所承受的力学作用，以便直观理解其偏移机制。首先，托辊支架中心线的歪斜是一个关键因素。由于输送带的柔性特性，其正常运行依赖于滚筒引导下的直线形态。若托辊安装不平整，会导致输送带与托辊边缘间距不均，加之支架倾斜使得托辊与输送带中心线不垂直，运行中的摩擦力将促使输送带逐渐偏离设计路径。

其次，托辊支架或机架的高低不平也是导致跑偏的常见原因。不平整的支架使输送带重力分布不均，产生滑移趋势，横向摩擦力随之作用，驱动输送带向高处滑动，从而引发跑偏。

再次，给料点位置不当亦不可忽视。正确的给料应确保物料均匀分布于输送带上，避免产生水平分力。给料点不正会导致物料重量对输送带施加侧向推力，加剧托辊轴向窜动，反作用力下输送带持续偏移，甚至可能引发翻边或更严重的损伤。

最后，输送带与滚筒轴线纵向中心线的不平直状态也是跑偏的重要诱因。轴线不平直会改变滚筒半径，造成输送带两侧松紧不一，运行速度差异显著。在应力作用下，张紧力较大的一侧持续偏移，直至跑偏程度严重影响输送机正常运行。综上所述，通过精确分析这些受力情况，我们可以更有效地识别并解决输送带跑偏问题。

3. 防止输送带跑偏的具体措施

静态调整与动态调整策略是应对输送机跑偏问题的两大关键方法。静态调整方面，首先，在输送机单向运行时，我们可微调槽型托辊一侧托辊的倾斜角度，以预防运行中的跑偏现象。然而，此举虽有效，但倾斜角度的增加会加剧阻力，加速输送带磨损，影响使用寿命，因此需技术人员定期检查输送带状态，及时更换磨损严重的输送带。其次，在输送机间隔位置增设调心托辊，同样能有效防止跑偏，但需注意此法会增加安装时间与成本，加大维护难度，故实施前应综合考虑成本效益比。

动态调整则侧重于工作过程中的即时响应。一是通过适时调整托辊位置，校正其吊挂角度，以减少已存在的偏差；二是针对改向滚筒和运动角度，根据实际运行状况灵活调整滚筒角度，逐步纠正偏离趋势，确保输送机稳定运行。这些动态调整措施能够实时应对运行中的变化，保持输送机的最佳工作状态。

（二）带式传动在汽车自动化输送系统中的应用

1. 汽车自动化输送系统中带式传动方式的特点

在汽车制造领域的自动化输送系统中，带式传动方式凭借其卓越的性能优势占据了举足轻重的地位。该系统不仅展现出惊人的产能，还显著降低了运行过程中的环境污染，相较于传统的链式技术，其噪声水平更低，营造了一个更为环保且舒适的作业环境。操作上的便捷与灵活性，使得带式传动能够轻松适应冶金、煤矿、建筑建材等多行业的复杂需求，特别是在长距离、短距离及水平作业输送系统中，其均展现出显著提升作业效率的能力。

针对汽车生产企业的特定需求，带式传动系统的设计与运作需高度定制化。鉴于不同生产设备与工艺的差异，系统需具备软起动与软停车功能，以应对作业过程中的荷载压力变化，确保生产设备的安全运行。这一特性有效减轻了启动与制动时的冲击力，延长了设备寿命，优化了工作环境，同时也降低了维护与运营成本，间接提升了企业的经济效益。

防逆转技术作为带式传动设备安装的关键一环，其设计必须紧密结合生产实际与制动需求，以精准匹配生产流程，最大化系统效能。特别是在处理汽车零部件输送任务时，系统需精确计算并分析扭转振动力的影响，确保在启动、停止及紧急制动情况下，输送作业的平稳与高效。低速运行状态的设计同样不可或缺，它为系统全面检修提供了便利，是保障长期高效运行的重要基石。

在带式传动方式的应用类型上，汽车自动化输送系统展现出了多样性。电机与减速机的经典搭配，通过联轴器紧密连接，适用于中等及小功率场景，但在大型系统中则稍显力不从心。电机与可控启动装置的联合，以其操作简便、灵活高效的特点，在中等至大功率系统中广受欢迎。而变频电机与减速机的强强联合，则进一步提升了自动化水平，为中等及大功率传动系统带来了前所未有的舒适体验与卓越性能。

在具体设计方案的制定中，综合考虑企业的生产条件、安装环境及未来扩展需求至关重要。对于斜坡输送等特殊场景，增配逆止器与制动设备成为标配，以确保技术应用的全面性与可靠性。减速器的选择同样需因地制宜，圆柱/圆锥齿轮减速器、行星齿轮/复合齿轮箱及高度可控的行星齿轮传动设备各有千秋，精准匹配生产需求，是控制成本、提升效率的关键所在。综上所述，带式传动系统在汽车自动化输送中的应用，是一个集高效、环保、灵活与定制化于一体的综合解决方案。

2. 汽车自动化输送系统中带式传动关键技术

在汽车自动化输送系统中，带式传动方式以其独特的优势成为主流选择，首要原因便是它能显著减少作业过程中的噪声污染，为车间员工营造了更加舒适的工作环境，同时也为周边居民带来了宁静的生活空间。这一环保特性主要归功于带式传动系统摒弃了润滑设备，从而避免了润滑油使用带来的环境污染，无论是企业内部的环境质量还是周边的生态环境均得以保全，实现了生产与自然环境的和谐共生。这些优势背后，是带式传动系统对先进科技的深度应用与精湛工艺的结合，确保其在高效运行的同时，能有效应对并解决常见故障，维护设备长期稳定。

减速器的优化配置是带式传动系统高效运行的核心保障。减速器的任何故障都可能直接导致整个传动系统的中断，对汽车生产效率与产品质量构成威胁。因此，在减速器的设计之初，我们就必须进行详尽的方案规划，深入剖析各种潜在的不利因素，严格筛选制作材料，精确控制热处理过程，并深刻理解汽车配件的加工工艺流程，为减速器的精准选型奠定坚实基础。这样的全面考量，旨在最大化减速器的耐用性与适应性，为传动系统的顺畅运行提供有力支撑。

关键技术设计是系统运行效能的基石。针对不同类型的带式传动系统，设计需量身定制，特别是在软起动与软停车策略上，需平衡启动效率、停车平稳性与机械寿命、经济成本之间的关系。对于倾斜式安装的带式输送机，合理设定控制时间与制动加速度参数尤为关键，这不仅能有效控制内部损耗，还能显著提升传输效率。齿轮箱的选择同样不容忽视，需综合考量使用环境、安装方式、起动性能、生产工艺流程等多重因素。在特定场景下，如空间受限且需高效启动，行星齿轮箱成为优选，其紧凑设计与高功率输出完美契合需求。此外，实际作业中的荷载特性，如冲击荷载、最大荷载值及反向制动力等，直接影响齿轮箱的磨损与寿命，而启动频率与运行环境则决定了对热功率与机械功率的不同需求。因此，我们科学选型与合理配置是优化资源利用、降低成本、提升经济效益的关键。

安装与维护技术则是确保带式传动系统高效运行的最后一道防线。安装精度直接关联到设备的稳定运行与寿命，尤其是荷载值对安装精度的敏感性要求极高。任何安装误差或维护疏漏都可能加速传动轴承磨损，甚至引发安全事故。因此，必须严格遵循安装规范，加强日常维护，确保每一环节都精益求精，从而充分发挥带式传动系统的潜力，为汽车自动化输送系统的高效运行保驾护航。

第四章　先进设计技术

第一节　先进制造技术概论

一、先进制造技术的内涵和特征

（一）先进制造技术的内涵

先进制造技术，作为时代进步的产物，旨在通过持续的技术革新来增强企业的市场竞争力。尽管目前尚无统一的明确定义，但通过对该领域发展的深入探索及其特征的全面分析，我们可以将其理解为：先进制造技术是制造业广泛吸纳机械、电子、信息、材料、能源及现代管理科学等多领域成果的综合体，这些成果被系统地融入产品从设计、加工、检测到管理、销售、使用、服务直至回收的全生命周期中，旨在实现生产过程的高质、高效、节能、环保与灵活性，从而显著提升制造企业对快速变化市场的适应能力和整体竞争力。其核心要点包括：首要目标是增强企业对市场的响应速度和竞争力；其次，它强调信息技术、现代管理技术与传统制造技术的深度融合；最后，这种融合需在制造活动的每一个环节中得到全面体现和应用。

（二）先进制造技术的特征

先进制造技术是一项高度综合且动态发展的技术体系，它超越了单一技术的范畴，通过系统工程的视角，将市场分析、产品设计、加工制造、生产管理、市场营销、维修服务直至产品报废处理与回收再生等全生命周期环节紧密集成。该技术体系特别强调计算机技术、信息技术与现代管理技术的深度融合，同时重视人的核心作用，倡导人、技术与管理的和谐统一。先进制造技术不拘泥于固定模式，而是根据企业实际状况与外部环境灵活调整其实现方式、规模与侧重点，并持续吸纳高新技术成果，不断自我完善与进化。其核心价值在于提升企业的全球竞争力，促进经济持续增长与综合国力增强，以顾客需求为导向，注重系统集成与整体优化，倡导合作竞争理念。在全球化的市场背景下，先进制造技术成为企业迅速响应市场变化、提高综合效益的关键手段，它不仅是对传统制造技术的传承与超越，更是面向未来、注重环保与可持续发展的技术革新。

二、先进制造技术的体系结构

先进制造技术是一个多层次、综合性的技术体系，涵盖了基础技术、新型制造单元技术及系统集成技术三大核心层次。基础技术构成了其基石，聚焦于优质、高效、低耗、清洁的生产过程，包括精密下料、塑性成形、铸造、加工、测量、毛坯强化、热处理、高效连接、防护涂层等优化后的传统工艺，以及与现代管理技术的融合。新型制造单元技术则是顺应市场需求与新兴产业发展，将制造技术与电子、信息、新材料、新能源、环境科学及系统工程等领域的高新技术深度融合的产物，涵盖了自动化单元、极限加工、质量可靠性、系统管理、CAD/CAM、清洁生产、新材料成形加工、激光加工及工艺模拟优化等前沿技术。而系统集成技术则是利用信息技术与系统管理技术，通过网络与数据库平台，将上述两大层次的技术有机整合，形成如 CIMS、AM、IMS 等高度集成的系统解决方案。这三者相辅相成，共同构成了先进制造技术的完整框架，但每一层次均不足以单独代表先进制造技术的全貌。

三、先进制造技术的发展趋势

（一）数字化

数字化制造构成了先进制造技术演进的基石，其精髓在于多维度地融入设计、控制与管理三大核心领域。在制造设备层面，控制参数全面数字化，确保精确操控；在企业运营层面，信息流通全面数字化，通过高速网络实现市场动态的即时捕捉与产品、工艺、资源信息的深度整合、规划与优化，支持产品设计、加工流程与生产组织的仿真模拟乃至原型快速制造，从而加速生产流程重构，敏捷响应市场需求，精准契合客户期望。放眼全球制造业，数字化制造构建起跨越地域国界的虚拟网络，用户通过网络平台发布需求，企业间依据各自优势迅速结盟，共享资源，协同设计，高效制造，形成强大的动态合作生态。这一过程中，产品附带的数字信息成为贯穿研发、设计、制造、销售及服务全链条的活力源泉，驱动着制造业向更加智能、灵活与全球化的方向迈进。

（二）集成化

集成化作为先进制造技术的核心特征，体现在技术、管理及技术与管理的深度交融三个维度。这一趋势推动了制造技术、信息技术、管理科学及相关学科的紧密集成，共同塑造了先进制造技术的面貌。随着集成化的深入发展，企业内部的界限逐渐模糊，设计、制造、加工、检测、控制及物流等各个环节趋向一体化，如 CAD/CAPP/CAM 系统的应用便打破了设计与制造的壁垒，FMC 与 FMS 则进一步整合了加工、检测、控制与物流流程。计算机集成制造通过信息集成，将孤立的自动化单元联结成高效运作的整体，而并行工程则着眼于产品及其开发流程的全方位集成，实现了更深层次的一体化。此外，企业间通过敏捷制造模式构建起动态联盟，实现了跨企业的资源快速整合与新产品的高效开发，进一步增强了市场竞争力。在加工技术领域，集成化的表现尤为丰富，涵盖了高能束加工、增材制造、生物加工制造等前沿技术，这些技术的融合应用为制造业带来了前所未有的创新与发展机遇。

（三）精密化

精密化趋势正引领产品与零件加工迈向更高层次的精度追求，极限精度已触及纳米级乃至亚纳米级领域，这不仅是衡量国家制造业先进性的关键指标，也是高新技术发展的重要驱动力。微细与超微细加工技术，尤其是针对毫米以下乃至微米级以下尺寸零件的加工，正以前所未有的精度挑战传统制造边界，当前已实现纳米级加工精度，深刻影响着微电子产品的性能极限，从普通晶体管到超大型集成电路，精度要求逐级攀升，展现了精密加工对现代科技产品的核心支撑作用。在超精密机械领域，如卫星仪表轴承的制造，更是将精度标准提升至纳米级，体现了对极致精度的不懈追求。

进入纳米尺度后，加工领域不再仅仅是几何尺寸的简单缩小，而是伴随着量子效应、波动特性及微观涨落等全新物理现象的涌现，这些现象成为主导因素，要求跨学科的综合研究，由此催生了纳米技术这一前沿领域。纳米技术的研究范畴广泛，涵盖纳米级测量技术以精确把控精度与表面特性、纳米级加工技术以突破制造极限、纳米材料科学以探索新型材料属性、纳米传感与控制技术以实现微纳世界的精准操控，以及微型与超微型机械的研发，共同推动着制造技术向更微观、更智能、更多功能的方向发展。

（四）极端化

"极端制造"这一概念，聚焦于在极端环境条件下，如高温、高压、高湿、强磁场或强腐蚀环境中，生产出具有极端尺寸规格或卓越性能的器件与功能系统。它不仅涵盖了从微观尺度（如原子存储器、芯片加工设备、微型飞机、微型卫星、微型机器人等）到宏观尺度（如大飞机、航空母舰）的极端几何形态变化，还体现在对材料或构件性能（如极高硬度、极高弹性）的极致追求上。这些产品无一不是科技领域的尖端成果，引领着技术创新的前沿。

尤为值得一提的是微机电系统，作为极端制造领域的一个重要分支，它不仅能够执行复杂精细的特种任务与功能，更是架起了微观与宏观世界之间的桥梁，其潜在价值不可估量。极端制造的核心在于追求制造过程的极致化与精细化，表面上看是产品尺寸或精度的跨越，实则凝聚了现代设计、智能控制、超精密加工等众多高新技术领域的精华。这一领域的发展，不仅代表着机床先进制造技术的未来趋势，也是衡量一个国家或地区在机床设计与制造技术创新能力上的重要标尺。极端制造技术的推进，需要跨学科、跨领域的紧密合作，共同攻克一系列技术难题，以实现制造技术的全面升级与突破。

（五）网络化、全球化

制造网络化作为现代制造业的关键趋势，涵盖了从制造环境内部到企业间乃至全球范围的多个维度。其核心在于通过网络技术促进信息的无缝传输与集成，实现制造过程的深度整合。具体而言，制造环境内部网络化推动了生产流程的集成优化；企业层面的网络化则加强了工程设计、制造过程与经营管理的协同作业；而企业间的网络化合作则促进了资源共享、优化配置与高效利用，甚至支持了异地制造模式的兴起。此外，网络化市场系统的构建，如网络广告、销售与服务的普及，进一步拓宽了市场边界。Internet 与 Intranet 的兴起，为这些跨地域的信息交流与制造合作提供了坚实的基础，使得全球范围内的信息集成与异地协同制造成为现实。

在此背景下，制造全球化作为更高层次的制造业发展趋势，正随着经济全球化步伐加速推进。它超越了单一国家的生产边界，涵盖了产品设计、开发、生产、市场布局、营销策略的全球协同，以及制造企业在全球范围内的资源重组与知识共享。制造全球化不仅促进了生产要素的自由流动，还极大地优化了资源配置效率，助力企业跨越地域限制，追求全球范围内的最佳经济效益。这一过程不仅深刻改变了制造业的运作模式，也为全球经济的繁荣与发展注入了新的活力。

（六）虚拟化

虚拟制造，根植于系统建模与计算机仿真技术的沃土，是现代制造工艺、计算机图形学、信息技术、并行工程、人工智能与多媒体技术深度融合的结晶，构成了一个跨学科、综合性的技术体系。它通过将真实世界的制造环境与流程精准映射至由计算机及其相关技术构建的虚拟空间内，实现了对实际生产全链条的模拟与复刻，从产品设计构思到最终产品制造的每一个环节均在虚拟环境中得以预演与评估。这一创新技术不仅极大地缩短了产品从设计到制造的时间周期，还显著提升了产品设计的成功概率，有效降低了研发成本，赋予了制造企业更为敏捷的市场应变能力。随着制造自动化进程的不断推进，虚拟制造技术正日益成为不可或缺的关键工具，其应用前景愈发广阔。

（七）管理技术现代化

全球制造业正经历从福特主义向后福特主义的深刻转型，这一转变体现在生产模式、组织结构及市场结构等多个层面。从大规模标准化生产转向大规模个性化定制，企业管理由垂直金字塔式向扁平化、网络化演变，决策效率显著提升，鼓励员工间的横向交流与合作，促进创新氛围的形成。互联网时代下，企业致力于打破内部壁垒，削减中间层级，强化部门间的无缝协作，确保市场反馈迅速转化为执行行动，有效避免决策信息的层层衰减。

随着互联网的深度融入，工业生产分工趋向专业化与精细化，协同制造成为主流生产模式，催生了无实体车间的网络企业与虚拟企业，这些企业依托运营总部，灵活整合全球资源。网络众包平台的兴起，重构了发包与承包机制，实现了发包承包双方的虚拟化对接与精准匹配，项目管理更加高效透明。电子商务的蓬勃发展不仅拓宽了产品销售渠道，降低了营销成本，还促进了市场边界的无限延伸。此外，供应链管理的集成创新，将各企业紧密连接成信息物理系统的一环，原材料供应、生产流程、机器运维等各环节均通过网络化系统实现即时调度与协同，整个产业链上下游的合作变得更加网络化、实时化，共同推动着全球制造业向更加灵活、高效、协同的方向发展。

四、先进设计技术的内涵

（一）先进设计技术定义

先进设计技术，作为先进制造技术的基石，贯穿于制造系统设计的全过程，涵盖产品、工艺、组织、生产及信息系统等多个维度。其中，产品设计作为企业的核心驱动力，其技术水平直接关联到产品的竞争力与成本效益。随着市场需求的日益多样化与国际化竞争的加剧，先进设计技术应运而生，如计算机辅助设计、优化设计、可靠性设计等，这些技术不仅革新了设计手段，还显著提升了设计效率与质量，降低了成本。

先进设计技术，本质上是对传统设计经验的升华与超越，它融合了最新的科技成果，特别是计算机与信息技术，从而在产品性能、质量、效率、成本、环保及交付速度等方面实现了质的飞跃。其核心在于以市场需求为导向，依托知识获取与创新思维，运用先进的方法论与工具，贯穿产品全生命周期，构建人、机、环境和谐共生的设计理念。

从系统工程视角审视，先进设计技术构成一个多维集成的系统，时间维上，设计流程被细分为产品规划、方案设计、技术设计与施工设计四个阶段，每一阶段都承载着明确的任务与目标，共同推动产品从概念到实物的转化；逻辑维上，遵循“分析→综合→评价→决策”的科学流程，确保设计过程的逻辑严谨与决策高效；方法维上，则强调从传统经验型设计向现代科学型设计的转变，引入先进设计理论与工具，如系统工程、优化算法等，极大提升了设计的创新性与效率。综上所述，先进设计技术是多学科交叉融合的综合性科学，是推动制造业转型升级与创新发展的关键力量。

（二）先进设计技术的体系结构

先进设计技术是一棵枝繁叶茂的大树，其根系深植于基础技术的沃土之中，这包括运动学、静力学、动力学、材料力学、热力学、电磁学及工程数学等经典学科的理论与方法，它们共同构成了先进设计技术坚实的理论基石与发展源泉。树干部分则挺拔于主体技术之上，尤其是计算机科学与计算机辅助技术的迅猛发展，如 CAD、有限元分析、优化设计、仿真模拟、虚拟设计及工程数据库等，这些技术以其强大的数值计算与信息处理能力，成为先进设计技术体系的核心支柱。

环绕这棵大树的茂盛枝叶，是由支撑技术编织而成，它们为设计过程中的信息加工、处理、推理与验证提供了全方位的支持。现代设计方法学涵盖了系统设计、功能设计、模块化设计等多种创新理念；可靠性设计技术确保了产品的耐用性与安全性；而设计试验技术则通过性能试验、可靠性试验及数字仿真等手段，为设计验证提供了科学依据。

最终，这棵大树的繁茂果实体现在应用技术上，这些是直接服务于汽车、飞机、船舶、机床、工程机械、精密机械、模具等具体产品设计领域的先进知识和方法，它们将先进设计技术的理论精髓转化为解决实际问题的强大工具，推动着各产品设计领域的不断进步与创新。

（三）先进设计技术的特征

产品设计，作为产品全生命周期的基石，其质量直接奠定了产品的“先天优势”，一旦设计存在缺陷，将导致难以通过后续生产环节的质量控制或成本控制来弥补的技术与经济短板。据统计，约 75% 的产品质量问题根源在于设计失误，凸显了设计阶段预防工作的重要性与紧迫性。因此，产品设计的卓越性，直接关系到企业的竞争力和长远发展。

先进设计技术，作为这一领域的革新力量，已渗透到产品规划、制造、营销至回收的全链条中，展现出鲜明的时代特征：数字化，通过信息的高效转化与计算机技术的深度融合，极大提升了设计的精准度与效率；智能化，模拟人类思维规律，以计算机为媒介，解决复杂设计难题，推动产品智能化升级；动态化，超越静态分析范畴，纳入实际生产中的变量因素，实现产品生命周期内性能的最优化；系统性，将产品及设计过程视为整体系统，采用系统思维指导设计实践；优化性，在多维约束条件下，通过高级算法寻求设计方案的最优解；创新性，鼓励突破传统，激发创意，不断探索设计新境界；社会性，强调技术、经济与社会责任的和谐共生，追求产品内外品质的双重卓越。

综上所述，先进设计技术是在传统设计理论与方法的基础上，借助计算机技术的广泛应用，融入信息时代特色的设计革新。其广泛应用不仅大幅提升了设计质量，缩短了设计周期，降低了开发成本，还促进了生态资源的有效节约，为构建人类可持续发展的和谐环境贡献了重要力量。

第二节　计算机辅助设计技术

一、计算机辅助设计技术概述

（一）CAD 的发展

CAD 技术，作为现代设计领域的璀璨明珠，依托计算机技术与图形学的深厚底蕴，巧妙融合了各应用领域的先进设计理论与方法，形成了一种高效、精准、经济且便捷的产品设计解决方案。这一技术革新不仅彻底改变了传统设计模式，还广泛渗透到飞机、汽车、机械制造、模具开发、建筑设计乃至集成电路设计等多元领域，实现了设计到制造全流程中计算机绘图的全面普及。CAD 不仅是推动先进制造理念落地实施的坚实软件基石，更是企业部署任何前沿制造系统时不可或缺的核心驱动力，其重要性不言而喻。

（二）CAD 的过程与原理

1. 传统的产品设计过程

在传统的产品设计过程中，每一个环节都是由设计者以手工方式完成的（图 4－1）。其特点：①设计者通过类比分析法或经验公式来确定设计方案；②设计工作周期长，效率低（设计者绘制装配图和零部件工作图的时间占设计时间的 70% 左右）；③设计质量受人工计算条件限制。

2. CAD 技术的内涵

CAD，即计算机辅助设计，是一项集成了计算机硬件与软件系统的先进方法与技术，旨在全面辅助设计师进行“产品”的构思、分析、计算、绘图、仿真及结构与性能的深度优化，直至最终文档的编制等全方位设计活动。作为一门跨学科的综合应用

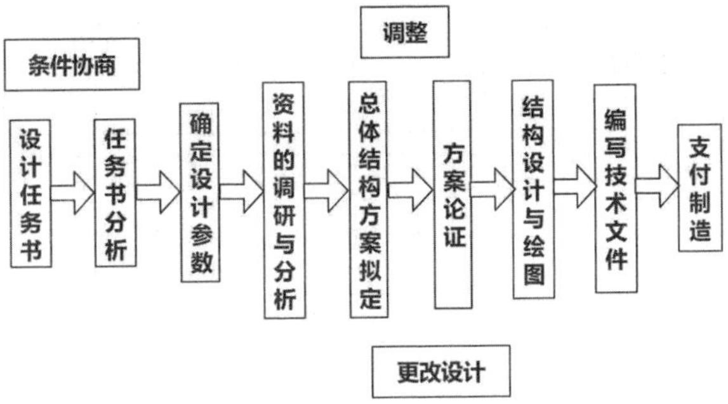

图 4-1 传统的产品设计过程

技术，CAD 的“产品”概念广泛涵盖各行各业中所有需要精心设计的对象，体现了其普遍适用性与强大的技术支持能力。

3. CAD 系统的组成

一个完整的 CAD 系统由三大核心要素构成：首先是 CAD 硬件平台，它由计算机主体（涵盖大型机、中型机、小型机、工作站及微型机，当前以 CAD 工作站和微型机应用最为广泛）、一系列外围设备（如鼠标、键盘、扫描仪用于输入，显示器、打印机、绘图机、拷贝机则负责输出）及复杂的网络通信环境共同组成，后者通过中继器、位桥、路由器、网关、Modem 等多种设备及多样化的网线材质，实现设备间的互联互通与资源共享，网络拓扑结构则灵活多变，包括星形、总线形、环形、树形及组合形式。

其次是 CAD 软件体系，它细分为支撑软件与应用软件两大板块。支撑软件作为基石，包括操作系统、编程语言及其编辑器、数据库管理系统、图形处理引擎及网络通信工具等；而应用软件则直接服务于设计任务，集合了丰富的设计计算方法库与应用程序库，其性能直接关乎 CAD 系统的整体效率，因此其开发与优化至关重要。

最后是不可或缺的设计者角色，他们与 CAD 软硬件紧密协作，共同构成一个高效协同的人机系统，通过这一系统，设计者能够充分利用 CAD 技术的强大功能，高效、精准地完成各类设计任务。

4. CAD 过程模型

将设计过程中能用 CAD 技术来实现的活动集合在一起就构成了 CAD 过程。图 4-2 为产品 CAD 过程模型，细实线以上为手工设计进程，细实线以下为 CAD 方法。目前，设计过程中的每个设计活动都要尽可能采用并行工作方式。

在设计过程中的“分析计算”阶段，设计者频繁依赖各类国家标准与工程设计规范以获取关键设计数据。传统上，这些数据以手册形式存在，但在 CAD 环境下，这些数据需转化为程序可调用或计算机可检索的格式。因此，对设计数据进行恰当处理变得至关重要。处理设计数据主要有两种方法：一是程序化处理，通过编程手段将数表与图线转化为程序的一部分，具体可采用数组存储结合查表插值，或直接拟合成公式编入程序，以实现数据的即时计算与检索；二是数据库管理，将数表或离散化后的线图数据按标准格式存储于数据库中，由数据库系统独立管理，实现数据的集中化、共享化，应用程序可通过接口访问这些数据，提高数据使用的灵活性与效率。

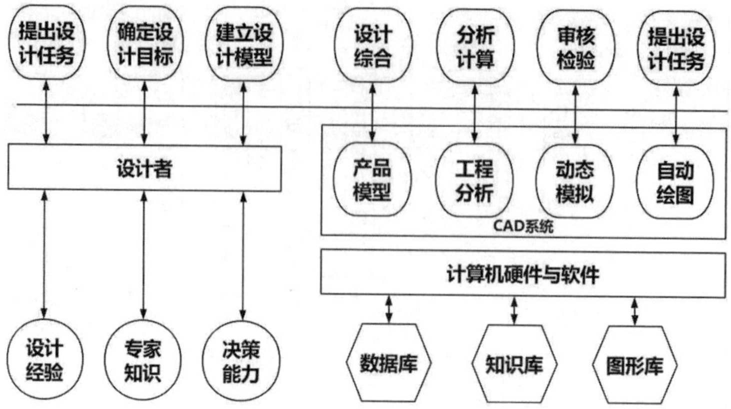

图 4-2　产品 CAD 过程模型

5. CAD 技术的功能

相较于传统设计手段，现代 CAD 技术展现出了一系列革命性功能，极大地提升了设计效率与精准度。首先，在产品方案设计阶段，CAD 助力设计者迅速响应开发任务或客户需求，高效完成结构布局方案的决策与优选。随后，进入结构设计与分析环节，CAD 技术让复杂计算与数据整理变得轻而易举，同时支持立体几何模型的直观设计与即时修改，确保设计者在多角度审视下优化产品外观与色彩搭配。

进一步，CAD 还赋予了产品性能分析与仿真的能力，通过模拟产品结构运动过程，直观展示性能计算结果，辅助设计者精准评估并调整设计以满足客户需求。在可装配性检查方面，CAD 技术允许设计者虚拟装配产品各部件，提前发现并解决装配干涉问题，确保实际生产中的一次装配成功。

此外，CAD 还自动化生成精确美观的设计文档，如零部件工程图与装配图，并通过互联网促进全球合作与电子商务活动，加速产品从虚拟设计到实体制造的进程。最后，在设计文档管理与数控加工仿真领域，CAD 不仅简化了文档管理流程，还允许设计者生成数控加工指令并进行虚拟加工仿真，验证加工可行性，优化刀具路径，最终确保实际加工的高效与精准。

二、CAD 技术的主要研究内容

创新产品的开发设计是一个综合性的流程，涵盖结构设计、工艺规划、加工编程、装配布局及工装夹具设计等多个方面。传统的计算机辅助设计系统主要聚焦于绘图与基础计算，而今已进化为集 CAD/CAE/CAPP/CAM/CAFD 于一体的集成设计平台，能够全面支持产品生命周期内的各项设计任务。该平台通过产品建模，精确构建产品的三维数字化模型，为后续设计制造提供统一、完整的产品信息基础。工程分析模块则利用内嵌或独立的软件工具，对产品进行结构、性能及安全性的深入评估，确保设计方案的可行性与质量。工程图绘制功能将设计模型转化为符合国家标准的二维工程图与 BOM 表，便于生产管理与信息传递。工艺设计模块智能化提取产品数据，自动生成工艺规程，包括加工路线、毛坯设计及时间定额等。数控编程则依据工艺规划，精准计算刀具路径，生成机床控制指令。仿真模拟技术则通过虚拟环境预演制造过程与产品运行，提前发现并解决问题，降低试错成本，缩短研发周期。

随着 CAD 技术的持续研发与应用深化，现代 CAD 技术不仅要求在设计理论、方法、环境及工具上的创新，还需在复杂系统环境下支持产品自动化设计。这推动了 CAD 技术向集成化、网络化、虚拟化和智能化方向发展，旨在显著提升产品设计质量，压缩成本，并加速产品上市进程。

三、三维设计技术

参数化设计、特征建模技术是目前 CAD 中的关键技术。

（一）参数化设计

参数化设计，作为一种先进的 CAD 应用理念，其核心在于尺寸驱动机制，旨在通过参数调整自动优化图形设计，极大地减轻了设计师的绘图负担，加速了设计流程并有效缩减了数据存储需求。当前，参数化技术主要分为三大流派：基于几何约束的数学方法（细分为初等方法与代数方法）、依托几何原理的人工智能方法，以及围绕特征模型的造型技术。这些方法中，参数驱动机制是核心，它允许设计师通过调整少量主参数（直接影响图形核心特征的参数）来间接控制大量次约束（由图形结构特征或主约束派生的约束），从而实现图形的灵活修改，同时确保所有修改均遵循既定的几何与拓扑约束条件。

在参数化设计实践中，图形特征联动与相关参数联动是确保约束条件一致性的关键策略。图形特征联动侧重于维护图形的拓扑关系，如连续、相切、垂直、平行等，通过识别并更新与驱动点相关联的几何实体数据，保持这些关系在修改过程中的稳定性。而相关参数联动则侧重于建立主约束与次约束之间数值与逻辑上的紧密联系，通过驱动树等结构清晰展示参数间的依赖关系，确保在参数调整时，所有相关参数能同步更新，维持设计的整体协调与逻辑一致。这两种联动方式相辅相成，共同构成了参数化设计中复杂约束条件下图形自动优化与调整的强大机制。

（二）特征建模技术

特征建模技术作为 CAD 技术发展历程中的一个重要里程碑，其兴起源于 CAD 技术深入应用后对生产组织集成化与自动化水平提升的迫切需求。客观世界由事物的特性及其相互关联构成，特征作为事物本质属性的外在表现，其定义在 CAD 领域尚未形成绝对共识。国内外学者基于各自的研究视角与需求，对特征赋予了多元化解读。在机械领域，特征概念尤为丰富，它根植于设计、分析及加工活动的推理逻辑中，且与具体应用领域紧密交织。提及特征，人们往往首先联想到形状特征，这些特征或是面向加工，描述工件表面、边缘或角上的特定几何形态；或是关联工艺过程，界定工件上特定机械加工所需的几何形状，亦服务于装夹与测量；此外，还涵盖装配中的功能特征如配合特征，以及加工精度特征等，共同构成了 CAD 特征建模技术的坚实基础。

第三节 逆向工程

一、逆向工程概述

为契合现代先进制造技术的飞速发展，将实体样本或手工模型转化为 CAD 数据成为关键步骤，这一过程不仅解锁了快速成型、计算机辅助制造及产品数据管理等先进技术的高效应用潜力，还促进了设计的持续优化与再创新。逆向工程作为这一领域内的革新工具，实现了从实体对象到精准几何模型的直接跨越，极大地加速了复杂曲面产品的数字建模进程，提升了产品的外观创新度、复杂度及制造精度，同时有效削减了研发成本。

逆向工程，这一术语亦涵盖反求设计与反求工程，其灵感源自早期油泥模型向实体产品的转化实践。当前，逆向工程在实物复制与外观仿制领域应用尤为广泛，因其绕开了复杂的动力学、材料及加工热处理难题，实现路径相对直接。结合 CAD/CAM 系统的数字扫描技术，逆向工程通过高精度的数字化扫描与 3D 重建，迅速转化为可加工模具，进而高效注塑出目标产品。然而，这仅是逆向工程应用的初级形态，真正的价值在于其深度再设计与创造能力。

相较于传统正向工程的“功能→原理→结构”设计模式，逆向工程则采取“实物原型 + 原理、功能→三维重构”的路径，它不仅仅是对现有实物的简单复制，而是在深入理解与分析实物原型的基础上，融入现代设计哲学、先进测量技术与设计者的创新智慧，进行深度解构、优化与再创造。这一过程体现了对已知信息的深度挖掘与创造性转化，是推动产品从模仿走向自主创新的桥梁。

二、逆向工程设计的基本方法

逆向工程，遵循逆向思维逻辑，依赖于多样化的数据采集设备来捕获反求样本的详尽结构信息。通过运用专业的数据处理软件与三维建模系统，对采集的数据进行精细化处理与模型重建，在计算机环境中精确复原原产品样本的三维数字模型。这一过程不仅限于复现，更在于对模型进行深入分析与优化设计，从而快速迭代出创新升级的新产品。逆向工程依据信息来源的不同，可细分为实物反求（基于实体样本）、软件反求（源自工程图纸、数控程序等技术文档）及影像反求（利用图片、照片或视频资料）。它超越了传统仿制的范畴，专门应对复杂曲面、高精度要求等挑战，必须在细致的反求分析支撑下，结合先进的数据采集工具与 CAD/CAE/CAM/CAT 等集成技术手段方能实现。

逆向工程采用的设备和软件主要包括以下几个。

（一）测量机与测量探头

在实物数字化的进程中，测量机与测量探头扮演着至关重要的角色。测量机种类繁多，包括高精度的三坐标测量机、专为特定任务设计的多轴专用机，以及灵活多变的多轴关节式机械臂等，它们各自具备独特的优势以适应不同的测量需求。测量探头则分为接触式与非接触式两大类，接触式探头如触发探头和扫描探头，通过物理接触来采集数据；而非接触式探头则利用光学原理，如激光位移探头、激光干涉探头，以及基于结构光技术的线结构光 CCD 扫描探头和面结构光 CCD 扫描探头，无须直接接触即可实现高精度的测量，为实物数字化提供了多样化的解决方案。

（二）数据处理

由坐标测量机得到的外形点数据在进行 CAD 模型重建以前必须进行格式转换、噪声滤除、平滑、对齐、归并、测头半径补偿和插值补点等数据处理。

（三）模型重建软件

模型重建软件领域涵盖了多样化的解决方案，以满足从正向设计到逆向工程的不同需求。一方面，传统的 CAD/CAE/CAM 软件（如 Solid Works、GRADE 等），虽然专注于正向设计流程，但在处理逆向工程所需的数据及进行复杂逆向造型时功能相对受限。另一方面，一些先进的正向设计软件通过集成逆向功能模块，如 Pro/Engineer 集成的 W SCAN－TOOLS，或 UG 和 STRIM100 等集成点云处理、线框与曲面拟合、快速造型功能的软件，实现了正向设计与逆向工程的无缝对接。此外，专为逆向工程设计的软件（如 Imageware、Paraform、Geomagic、Surfacer 等）则提供了更为专业且强大的逆向建模工具，专注于从实物到数字模型的精确转换。对于更高要求的应用场景，我们还需配套产品数据管理软件，以确保设计数据的有效管理与利用。在硬件支持方面，个人计算机与工作站构成了这些软件运行的坚实平台。同时，计算机辅助工程分析技术作为不可或缺的补充，涵盖了机构运动分析、结构仿真、流场及温度场分析等多个维度，为设计验证与优化提供了科学依据。

（四）CAE 软件

目前较流行的 CAE 软件有 Ansys、Nastran、Moldflow、ADMAS 等。

（五）CNC 加工设备

各种 CNC 加工设备用于原型和模具制作。

（六）快速成型机

快速成型机用于生产模型样件，其制造工艺原理有立体印刷成型、层合实体制造、选择激光烧结、熔融沉积造型、三维喷涂黏结、焊接成型和数码累积造型等。

（七）产品制造设备

产品制造设备包括各种注塑成型机、冲压设备、钣金成型机等。

三、逆向工程设计的基本步骤

（一）反求分析

反求工程的起始点是对原产品进行深入且全面的反求分析，这一过程涵盖了功能原理、结构形态、材料特性及加工工艺等多维度的考察，旨在透彻理解原产品的核心功能及其支撑技术，同时精准评估其结构设计的特点与潜在不足。反求分析不仅是实施反求工程的前提，更是确定反求样本技术指标、厘清其几何元素间拓扑关系的基石，这一细致入微的分析工作，为后续的反求设计与制造奠定了坚实的基础。

（二）再设计

在反求分析框架内，对目标对象实施全面再设计流程，该流程紧密围绕数据采集、模型重构与改进创新三大核心任务展开。首先，针对反求样本的独特结构特征，精心规划数据采集方案，并选用适宜的采集设备精确捕获样本数据。随后，进入数据整理阶段，通过细致筛查剔除异常点，并校正明显偏差的测量值，确保数据集的纯净与准确性。紧接着，依托先进的三维建模软件，对整理后的样本数据进行深度处理，重构出精确的几何结构模型。最后，在充分理解反求对象功能特性的基础上，对初步构建的模型进行再设计，这一过程不仅涉及对原样本结构模型的优化调整，更融入了对产品功能需求的深刻理解，通过创新设计手段，实现模型结构的显著提升与功能的全新拓展。

（三）加工制造

依据优化后的产品结构模型，成功制造出反求工程中的新品，标志着逆向工程的核心目标得以实现——通过深入剖析、精细改进与积极创新，实现对原样本的超越，诞生出性能更优、设计更佳的新产品。在实施过程中，我们务必把握几个关键点：首先，详尽考察反求对象的工作环境与性能期望，确保新品在精度与功能上精准对接需求；其次，灵活选用高效的数据采集工具与制造工艺，依据样本结构特性定制方案，以经济合理的方式控制逆向工程的整体成本；最后，秉持实用主义原则，在再设计环节中审慎抉择样本参数的保留与调整，力求在保障品质的同时，显著提升逆向工程的设计效率与成果价值。

四、逆向工程设计的关键技术

逆向工程关键技术包括数据采集与处理（数字化技术）和曲面构造（建模技术），辅以其他技术手段构成逆向工程技术体系。

（一）数据采集方法

当前的数字化测量技术主要分为两大阵营：接触式与非接触式测量。接触式测量依赖传感设备与样件的直接接触，精准捕获表面坐标，其高精度优势允许测量前精心规划，有效规避冗余数据采集，然而，这一方法效率相对低下。反观非接触式测量，它巧妙运用光学、声学、磁学原理，将物理量转化为表面坐标点，实现了高效数据采集，且细节丰富。然而，非接触式测量亦有其局限，如难以触及型腔、细小凹形区等，可能导致数据缺失；同时，海量数据的生成也加重了后续处理与曲面重建的工作负担。

在逆向工程领域，CAD 模型的数字化构建始于精确的测量数据获取，这是误差评估、曲面比对及 CAD 曲面建模不可或缺的基石。为实现这一目标，多样化的数字化设备应运而生，包括三维坐标测量机、激光扫描仪、工业 CT、逐层切削照相测量系统、数控机床加工中的测量装置，以及专为逆向工程设计的数字化仪器等，它们各自以其独特优势，助力逆向工程迈向更高层次。

1. 三维坐标测量法

在实际逆向工程应用中，三维表面的精确测量主要依赖于坐标测量机，其类型依据测量原理的不同可分为机械接触式、激光式及光学坐标测量机三大类。机械接触式坐标测量机，作为最早且广泛应用的类型，通过测头与实物接触获取坐标数据，虽成本低廉、操作简便，但存在测量速度慢、数据密度低、需人为手感控制导致的误差，以及对软质或超薄物体测量的局限性。

激光坐标测量机则采用非接触式激光扫描技术，有效规避了接触力带来的误差，实现了对软质及超薄物体的测量，同时提升了测量速度与效率。然而，其测量精度易受物体材质与颜色影响，特别是在大入射角下，散射光导致的质心偏移可能显著降低测量准确性。

随着光电与计算机技术的飞跃，光学坐标测量机崭露头角，利用干涉条纹或投影光栅、立体视觉等光学原理快速捕捉三维数据。这些方法各具特色：投影光栅法测量范围广、速度快、成本低，但在表面急剧变化处精度受限；立体视觉法原理直观、设备简易、成本经济，但摄像机定位与图像匹配技术复杂；由灰度恢复形状法则因其测量过程灵活、范围广而备受瞩目。

面对具有复杂内轮廓曲面的物体，尤其是包含肋板、凸块、凹块的结构，传统三维坐标测量机与激光测量仪可能力不从心。此时，工业 CT 法与层析法便成为精准获取物体内表面数据的有效手段。这些方法进一步丰富了逆向工程的测量工具箱，满足了多样化、高精度的测量需求。

2. 工业 CT 法

工业 CT 法，作为非接触式测量的尖端技术，在三维内轮廓测量领域占据领先地位。该技术运用特定波长与强度的射线，自多个角度穿透待测物体，借助光电转换设备捕捉射线强度的变化，并通过先进的图像处理技术，精确勾勒出物体内部的结构与外形轮廓。其显著优势在于能够实现对物体内部结构的无损透视与测量，无须破坏样品即可洞察其深层构造。然而，工业 CT 法亦面临挑战，如空间分辨率的相对不足可能导致物体边缘细节模糊，加之数据收集耗时较长且图像重建过程繁复，这些因素限制了该技术在现场应用的普及程度。尽管如此，随着技术的不断进步，工业 CT 法的应用潜力正逐步被挖掘，有望在更多领域展现其价值。

3. 层析法

层析法，又叫逐层切削扫描法或 CGI，是一种高精度的测量方法，它通过数控系统精确控制刀具逐层切削被测物体，并利用 CCD 摄像机捕捉每一截面的轮廓图像。经过先进的图像处理技术处理这些图像，层析法能够精确获取被测物体的内外曲面轮廓数据。相较于工业 CT 法，层析法不仅测量精度更高，成本更低廉，操作也更简便。然而，其破坏性测量特性及对刚性物体的适用限制，一定程度上缩小了其应用范围。

总体而言，非接触式测量技术以其能够根本性解决接触测量中的诸多问题，如测量力引起的误差，且测量速度快，已成为自由曲面测量的主流趋势。不过，非接触式测量的精度极易受被测表面反射特性的影响，这促使国内外研究聚焦于非接触式测量方法的创新与激光位移传感器的技术革新，旨在不断提升测量的准确性、可靠性与适用范围。

4. CNC 坐标测量机

当前，工业测量领域面临的一个主要挑战是，高端数字化设备因高昂的使用成本而在实际应用中遭遇限制。鉴于此，一种创新的解决方案应运而生，即利用 CNC 机床与三坐标测量机在坐标系统上的互逆性及动作执行的相似性，通过整合加工中心的高精度行走机构与机床测头，并辅以专门设计的测量软件，实现了零件的在机即时测量。这一方法不仅拓宽了加工中心的功能范畴，使其在一定程度上兼具了测量中心的能力，而且机床测头以其低成本、高可靠性及卓越的自身精度，完美契合了国内企业的实际需求，为提升生产效率与成本控制开辟了新的路径。

（二）数据的处理

为确保测量数据的合理性与完整性，一系列预处理步骤不可或缺，包括噪声点剔除、测头半径补偿、数据分块以优化数据质量，以及数据多视拼合、补测数据整合以填补信息空白。处理物体表面测量数据时，两大主流方法分庭抗礼：边界分割法与区域分割法。边界分割法侧重于识别测量点法向矢量或曲率的突变点作为边界，通过边界追踪形成封闭轮廓，但此法易受噪声干扰，对平缓曲面适应性不佳。

逆向工程应用软件在这一过程中扮演着核心角色，它不仅掌控测量流程，生成原型曲面的“点云”数据，并以兼容格式无缝对接至 CAD/CAM 系统；还能直接基于原始或处理后的测量数据，编辑生成复杂的三维几何模型，随后转换至 CAD/CAM 环境，通过迭代优化直至产品造型臻于完美。这一过程展现了逆向工程软件在数据处理与模型构建中的强大功能与灵活性。

第四节　全生命周期设计

一、全生命周期设计的内涵与特点

全生命周期设计技术是现代设计领域的关键一环，它超越了传统设计思维，强调对产品从规划、设计、制造、经销、使用、维护直至回收再利用的全过程进行通盘考量。这一设计理念的核心在于，通过跨学科、跨部门的紧密合作与信息共享，确保在产品设计初期即全面融入生命周期各阶段的要素，追求时间、质量、成本与服务等维度的综合最优化，进而提升企业整体竞争力。

全生命周期设计是一个高度集成的系统过程，采用并行工程方法，促使设计团队从概念萌芽到产品终结的全链条中，始终兼顾质量、成本、时间规划及用户需求的平衡。它超越了单一的技术视角，将美观性、装配性、耐用性及环保处理等非技术因素纳入考量，对设计师的综合素养与团队协作能力提出了更高要求。设计师不仅需要精通各自专业领域，还需建立深厚的跨学科协作基础，确保设计过程中的无缝对接与相互理解。

为避免设计过程中的模型混乱，统一的产品设计模型成为关键。这不仅要求设计团队采用一致的知识表达模式来描述产品制造、生产设备及管理流程，还强调在统一框架下开展模型讲解，确保信息传达的准确性和一致性。通过这一系列措施，全生命周期设计旨在实现产品生命周期内各环节的最优配置，推动企业向更加可持续、高效的发展路径迈进。

全生命周期设计以其高度集成的特性为核心，强调跨部门协同作业于分散的工作站点，尤其在现代计算机技术深度融合于传统工业设计的背景下，分布式工作环境成为其显著标志。这一设计范式要求构建高效的网络体系与分布式知识库，确保信息流通无阻，促进快速协作。全生命周期设计跨越多个复杂领域，面对同一设计挑战，可能在不同情境下催生出多样化的解决方案，因此设计界面需具备高度开放性，以灵活集成 CAD/CAPP/CAE 系统及实现大型数据库间的数据交互。

其根本目标导向于制造优化，力求“一次成功”，避免返工，设计中不仅聚焦于产品功能与造型复杂度，更兼顾可制造性考量。全生命周期设计过程中累积的海量数据与信息，依托产品数据管理系统确保数据一致性与共享性，优化资源配置，加速错误识别与产品上市时间。这一设计模式深刻变革了制造业的组织架构与运作模式，通过整合生产、供销、用户服务于一体，增强了企业在市场中的竞争力。

其优势显著：一是加速产品市场投放，通过优化设计流程与同步制造准备，显著缩短设计与生产周期；二是提升产品质量，综合考虑产品全生命周期内各环节的性能表现，减少缺陷与废品率；三是降低成本，通过“一次到位”的设计哲学，减少整体生命周期内的消耗，尽管初期设计成本可能上升，但长期效益显著；四是增强市场竞争力，凭借高效的制造能力、低成本与高质量，快速响应市场变化，推出新品。

目前，全生命周期设计的应用范围已极为广泛，涵盖军事与民用领域，从电子、计算机、航空到机械等多个行业，应用对象由简单零件拓展至复杂系统，生产批量亦不受限制，部分产品更是达到了极高的可靠性标准。其核心理念在于面向制造的设计优化，依托并行设计方法与高效的数据管理技术，实现设计任务的圆满完成。

二、并行设计

（一）并行设计概述

并行设计作为一种先进的系统化工作模式，聚焦于产品及其关联过程（涵盖制造与支持环节）的并行与集成设计。它倡导在产品开发初期即并行考量生命周期内的各阶段因素，如工艺规划、制造、测试、销售、物流、使用维护直至回收，旨在降低成本、提升品质。并行设计过程融合了串行依赖、并行独立与交互耦合三种活动关系，其核心特征在于集成性，有效反映了产品生命周期各环节的紧密耦合。

作为现代机械设计与制造科学的前沿领域，并行设计颠覆了传统串行设计的局限，强调在初始阶段便全面审视生命周期后续活动对产品性能的综合影响，构建各阶段性能间的继承与约束关系，追求全生命周期内的性能最优化。通过组建跨领域多功能设计团队，并行设计促进了设计过程的协调与产品性能的完善，更好地契合了用户对产品全生命周期质量与性能的高标准要求，减少了返工，显著缩短了开发周期。

并行设计的成功基石在于其协调全过程的技术能力，这种协调性直接关系到设计的有效性与效率。随着技术演进，并行设计的协调能力日益增强，关键在于建立任务间的耦合关系模型，以促进多功能团队的高效协作。并行设计追求活动并行化以加速进程，这对管理水平提出了更高要求，同时强调贴近用户、灵活务实，以提升产品满意度。

在实践中，并行设计展现出复杂性、综合性与系统性的特点，其组织模式可归纳为独立并行与联系并行两类，前者简化环节联系但可能影响质量，后者则通过耦合策略提升质量但可能延长设计时间。为优化并行设计，我们需深入研究活动间相关性，建立资源优化配置模型，考虑资源对研制周期的实际影响。

评价决策方面，并行设计面临群体活动迭代导致的周期延长挑战，因此我们需优先考虑加速进程与规划最优次序。集成度作为评价的重要指标，反映了并行设计的有机协同能力。并行工程作为生产高级阶段的产物，对管理、设计与制造水平均有高要求，其核心在于任务间的有效整合与团队活动的协调优化，这是并行设计技术发展的关键突破点。

面对现代制造业的复杂多变环境，并行设计以其独特优势，为快速响应市场需求、以最低成本生产最优质量产品提供了有力支持，并在 CAD/CAPP/CAM 集成中展现出广阔应用前景。

（二）并行设计的关键技术

1. 并行环境下的信息抽象与建模技术

设计本质上是构建产品模型的过程，特别是在并行设计框架下，这一过程需整合产品生命周期各阶段的多元信息，包括产品信息、制造工艺、资源分配等，其数据复杂度极高。为应对这一挑战，构建一个统一的产品模型至关重要，该模型需能够全面表达并处理贯穿产品生产周期的所有相关信息。国际标准化组织（ISO）推出的 STEP（产品数据交换标准）正是为解决这一问题而生，它旨在建立一个通用的、便于计算机处理的产品模型，确保产品信息在生命周期各阶段的无缝交换与一致性维护。STEP 标准从多维度定义了产品的综合属性，覆盖了产品从诞生到消亡的全过程及其所有组成部分，为并行设计环境下产品数据的共享奠定了坚实基础。

另外，源自日本的质量功能配置（QFD）方法，则侧重于促进生产流程中各职能部门间的信息流通与协同作业。QFD 的核心在于将客户需求精准映射至企业各职能部门的作业目标，具体分为四个阶段：产品规划阶段将客户需求转化为产品的功能特性与质量指标；结构与零件设计阶段进一步将这些功能要求细化为具体的设计信息；工艺规划阶段据此制定详细的生产工艺路线；作业规划阶段则专注于生产作业安排与质量控制措施。QFD 机制有效地将产品需求、功能定位、质量控制与成本控制融为一体，紧密连接了客户与设计、生产环节，确保了产品开发全过程的客户导向性。

2. 计算机辅助设计评价和决策——DFMA 与 RPM

DFMA 是一种旨在减少因设计不当导致的制造与装配过程中工程更改的高效设计策略。它要求设计人员在产品构思阶段即充分考虑零部件的加工工艺性和装配便捷性，以最小化后续调整。DFMA 设计理论基于两大核心公理：一是确保产品及零部件功能的独立性与多样性，避免功能冗余或单一，以精简零件数量，降低生产复杂度与成本；二是追求零件结构的最简化，以减少信息量，便于制造。

在实际操作中，DFMA 强调全局优化，通过减少零件数量、提升零件多功能性、简化装配流程、推行模块化与标准化设计等手段，结合具体情境灵活应用各项原则。这一过程需持续分析判断，建立各阶段评价指标，以寻求最优设计方案。计算机辅助设计工具，特别是基于知识的专家系统，为 DFMA 的实施提供了有力支持。

DFMA 设计系统覆盖从概念设计到部件、零件设计的全过程，利用功能描述语言精准捕捉产品功能需求，映射至设计概念，并通过 DFMA 规则分析结构合理性，提出改进建议。在部件设计阶段，重点在于装配性分析；而在零件设计阶段，则聚焦于简化结构以促进加工与检验。

此外，快速原型制造技术（RPM）作为与 DFMA 相辅相成的创新手段，为复杂或关键零件的设计提供了即时验证的可能。RPM 无须模具或额外加工，仅凭 CAD 模型数据即可快速生成实物原型，使设计师能在真实环境中检验设计，有效避免设计误差，加速产品开发进程。

3. 支持并行设计的分布式计算机环境

并行设计环境呼唤一个由计算机赋能的协同工作空间，而 CSCW 技术正是构建这一空间的基石。CSCW 技术通过连接地理上分散的团队成员，利用虚拟共享平台，促进他们在计算机辅助下实时互动、协商合作，高效协同完成共同目标。这一技术不仅让跨部门的实时协同设计成为现实，还促使资源在并行工程框架下实现最大化共享，使成员间能够无缝参与技术方案的研讨、筛选、评估及信息传递，显著提升了设计效率，有效规避了工作重复，加速了设计成果向生产线的转化。当前，远程医疗诊断系统已作为协同设计成功应用的典范展现其威力，而面向制造企业的分布式协同设计系统，如美国斯坦福大学引领的 PACT 项目，正紧锣密鼓地开发中，预示着协同设计技术在工业界的广阔应用前景。

三、绿色设计

（一）绿色设计定义

绿色设计，作为绿色产品理念的延伸，是一种集生态与环境考量于一体的先进设计技术。其核心在于产品设计阶段即全面审视产品功能、质量、成本及开发周期的同时，深入评估其对自然资源和生态环境的潜在影响，旨在通过精妙设计策略，将产品及其制造流程对环境的负面影响降至最低限度，确保产品各项指标贴合绿色环保标准。简而言之，绿色设计强调将环境保护理念根植于设计之初，将减轻环境负担、预防污染作为设计的核心导向，力求产品设计本身即对环境友好的最佳实践。

具体而言，绿色设计的精髓可凝练为“3R－1D”原则：Reduce（减量化），追求资源能源的高效利用，减少消耗；Recycle（再循环），确保产品易于分类回收，促进资源循环利用；Reuse（再利用），鼓励产品设计便于多次使用或部件的重复利用；Degradable（可降解），倡导采用可自然降解材料，减少长期环境影响。这一系列原则共同构成了绿色设计的基石，不仅旨在削减资源消耗与有害排放，还促进了产品的循环经济与可持续发展。

（二）绿色设计与传统设计方法比较

与传统产品设计方法比较，绿色设计在设计目的、设计依据和设计思想等方面均有较大区别（表4-1）。

表4-1　绿色设计与传统设计方法的比较

设计方法	传统设计	绿色设计
设计目的	满足市场需求，获取最大经济利益	满足市场和环境保护需求，保证可持续发展
设计依据	产品功能、质量和成本	优先考虑产品环境属性的同时，保证产品功能、质量和成本
设计思想	较少考虑资源合理应用、环境影响及产品回收利用	必须考虑能源消耗、资源合理应用、生态环境保护等问题，尽可能设计出低耗能、零排放、可拆卸、易回收的绿色产品

传统产品设计方法往往聚焦于企业发展战略与经济利益最大化，侧重于产品功能、质量与成本的控制，却往往忽视了对资源有效利用、环境保护及产品循环再利用的考量。相比之下，绿色设计秉持一种全新的视角，它在确保产品基本功能、质量与成本效益的同时，将产品的环境属性置于优先地位，致力于设计出低能耗、零排放、易拆解、可回收的绿色产品。绿色设计将产品的全生命周期——从设计、制造、使用到回收——视为一个紧密相连的系统，强调在这一全过程中资源能源的合理配置与高效利用，同时兼顾环境保护与劳动者健康。它不仅响应消费者需求，更践行“预防为主，治理为辅”的环保方针，力求从根本上推动环境友好型社会的构建，实现资源、能源与环境的和谐共生。

（三）绿色设计主要内容

绿色设计是一种全方位考虑产品全生命周期资源消耗与环境影响的设计理念，旨在通过优化结构与方案，将资源消耗与环境负面影响降至最低。其核心内容包括绿色产品描述与建模，即全面准确地构建绿色产品评价体系；绿色设计材料选择，强调选用无毒、无污染、易回收、可重用、易降解的材料；可拆卸性设计，确保产品报废后零部件的高效无损拆卸，促进资源循环利用；可回收性设计，关注产品各部件的回收潜力与成本效益，推动环保材料与结构的采用。此外，绿色产品成本分析需纳入污染物处理、拆卸、重复利用及环境成本等要素，以实现经济与环保的双重目标。同时，建立绿色设计数据库，整合产品全生命周期中与环境、经济相关的全面数据，为设计决策提供坚实支撑，确保绿色设计理念在设计全过程中的有效贯彻。

（四）绿色设计基本准则

相较于传统设计模式，绿色设计遵循一系列更为前瞻与环保的设计准则。首先，它倡导资源最佳利用，倾向于选择可再生资源，力求产品全生命周期内资源利用的最大化。其次，坚持能量消耗最少原则，优先采用太阳能、风能等清洁能源，减少整个生命周期中的能源消耗与浪费。再者，绿色设计摒弃“先污染后治理”的旧观念，践行“预防为主、治理为辅”的环保策略，追求“零污染”目标，从源头消除污染源。同时，它还遵循“零损害”原则，确保产品不仅在生产与使用过程中保护劳动者，还要从人机工程学与美学视角出发，减少对人体健康的潜在危害。此外，技术先进性是绿色设计的另一重要准则，鼓励设计师紧跟技术前沿，运用最新科技提升产品的绿色属性。最后，绿色设计着眼于生态经济效益最优化，平衡产品经济效益与全生命周期内的环境及社会影响，体现了对可持续发展的深刻理解。面对工业化与城市化带来的环境挑战，绿色设计以其资源高效利用、污染最小化及生态友好的特性，成为推动人类社会可持续发展的重要途径。

第五章　先进制造工艺技术

第一节　材料受迫成形工艺技术

在市场竞争日益白热化的背景下，企业为应对挑战并紧随制造业经营战略的动态演变，亟需构建一套集优质、高效、节能、环保与灵活性于一身的制造工艺体系。生产规模的经济性、生产成本的优化控制、产品质量的卓越提升及市场需求的快速响应，共同构成了企业追求的核心经营目标。在此背景下，先进制造工艺应运而生，它依托于前沿技术装备，形成了一套系统化、规范化的技术操作指南，是对传统机械制造工艺的传承与创新。先进制造工艺不仅是先进制造技术的精髓与基石，也是高新技术向传统产业渗透融合的直接成果，彰显着国家制造工艺技术的核心竞争力。一国制造工艺技术的高低，直接映射出其制造业在全球市场中的竞争地位与实力。

一、先进制造工艺技术的特点

先进制造工艺技术，作为现代工业发展的核心驱动力，不仅深刻影响着物料处理与加工的全过程，还展现出一系列引领未来的显著特点，这些特点共同塑造了制造业的新面貌。

首先，低耗性是先进制造工艺技术的显著标志之一。在资源日益紧张与人们环境保护意识日益增强的今天，该技术致力于在满足社会需求的同时，最大限度地减少对自然资源的消耗和对生态环境的负担。通过优化材料利用、提升能源效率及实现生产过程中的废弃物最小化乃至零排放，先进制造工艺技术有效降低了生产成本，促进了资源的循环再利用，符合全球可持续发展的迫切需求，展现了制造业向绿色、环保转型的坚定步伐。

其次，优质性是先进制造工艺技术的内在追求。它强调通过高精度、高效率的加工手段，制造出质量卓越、性能稳定的产品。这些产品不仅外观精美、表面光洁度高，而且内部结构致密、无缺陷，确保了产品的长期耐用性和高可靠性。这一特点不仅提升了用户体验，也增强了产品的市场竞争力，为品牌赢得了良好的市场口碑。

再次，高效性是先进制造工艺技术相较于传统技术的显著优势。它利用先进的自动化设备、智能化控制系统及精密的加工技术，大幅度缩短了生产周期，提高了劳动生产率，降低了生产成本和人力负担。同时，加工过程的可操作性和维护性也得到了显著提升，确保了生产线的连续稳定运行，为企业创造了更高的经济效益。

最后，灵活性是现代制造业对市场快速变化响应能力的关键体现。先进制造工艺技术通过模块化设计、柔性生产线及智能化管理系统等手段，实现了生产过程的快速调整和产品种类的灵活切换。这种能力使企业能够迅速适应市场需求的变化，及时推出符合消费者偏好的新产品，从而在激烈的市场竞争中占据先机。同时，它也促进了产品设计的不断创新与优化，推动了制造业向个性化、定制化方向的转型升级。

二、先进制造工艺技术的内容

先进制造工艺技术，作为将原材料与半成品转化为最终产品的核心手段，其范畴广泛且深入，依据处理物料的特性可细分为四大关键领域。首先，精密及超精密加工技术，这一领域专注于通过精细去除工件表面材料，以达成极高水平的尺寸精度与表面质量。精密加工技术，涉及加工精度至微米级乃至亚微米级，表面粗糙度极低，广泛应用于精密机械、测量仪器等高端制造业，对提升产品关键部件的性能至关重要。而超精密加工则进一步突破界限，追求纳米级精度，成为半导体、光学元件等尖端科技产品制造不可或缺的基石。

其次，精密成型制造技术，它融合了先进技术与传统毛坯成型工艺的精髓，旨在通过高效、精确且环保的方式直接或近乎直接地制造出成品零件。这一领域涵盖了精密铸造、锻造、冲压、焊接及先进的热处理与表面处理技术，旨在减少后续加工量，提高材料利用率，缩短生产周期，同时确保零件的尺寸精度与物理性能。

再次，特种加工技术，作为对传统加工方法的创新与补充，它利用高能束流、高压流体或电化学等非常规物理或化学效应，实现了对难加工材料的精准塑形或去除。高能束流加工如电子束、离子束、激光束技术，以及高压水射流、电解加工与电火花等，这些技术不仅拓展了加工材料的范围，还极大提升了加工过程的灵活性与效率，满足了复杂结构与特殊性能零件的加工需求。

最后，表面工程技术，作为提升产品性能与寿命的关键一环，它综合运用多学科知识，通过物理、化学、材料科学、电学及机械学等手段，对工件表面进行改性处理，赋予其耐磨、耐腐蚀、耐高温、抗辐射及抗疲劳等优异性能。化学镀、非晶态合金技术、环保型表面涂装、表面强化、热喷涂、激光表面熔覆及等离子化学气相沉积等先进表面处理技术，不仅提升了产品的综合性能，还促进了产品的轻量化、绿色化发展，是现代制造业不可或缺的技术支撑。

三、先进制造工艺技术的发展趋势

成形工艺作为先进制造工艺技术的核心分支，正引领着制造业向更高精度、更低消耗、更高效率与更广泛适应性的方向迈进。其中，塑性成形工艺尤为突出，其追求“近无缺陷加工”与“少无余量，近净成形”的目标，通过增强合金组织致密度、优化工艺设计确保一次成形成功、强化过程监控与无损检测、深入安全可靠性研究及设定临界缺陷阈值等措施，极大地提升了成形件的精度与质量。在这一趋势下，精铸、精锻、精冲、冷温挤压等工艺日臻完善，部分毛坯成形后仅需轻微后续处理即可达到最终产品标准，实现了材料利用率的最大化。

与此同时，新型材料的涌现对加工工艺提出了更高要求。针对这些高强度、高硬度材料，特种加工技术应运而生，利用高能束、激光、等离子体等现代能源载体，不仅突破了传统加工方法的局限，还显著提高了加工效率与质量，为超硬材料、高分子材料、复合材料及工程陶瓷等新型材料的广泛应用铺平了道路。未来，随着新材料的不断研发，更多针对性的加工工艺将被开发出来，持续推动加工技术的革新。

高效超精密加工则是先进制造工艺技术的另一大亮点。当前，该技术已迈入纳米加工时代，加工精度与表面粗糙度均达到前所未有的水平。超精密加工机床正朝着多功能模块化方向发展，加工对象也从金属扩展到高分子材料、复合材料等更广泛的领域，满足了高科技领域对极端精度产品的迫切需求。

此外，模拟技术与优化控制在制造工艺中的应用日益广泛，它们借助计算机软硬件的强大能力，实现了从模拟加工到虚拟装配的全过程预测与优化，极大地降低了制造成本与风险。这些技术不仅推动了拟实制造成形的发展，还为分散网络化制造、数字化制造及制造全球化提供了坚实的技术支撑。控制技术的飞跃，则从单机自动化拓展到复杂系统柔性化，使工艺过程控制更加精准高效。

最后，加工与设计的集成化趋势越发明显。CAD/CAM、FMS、CIMS、并行工程及快速原型等先进技术的融合，使得设计与制造之间的界限日益模糊，各环节之间的协同作业更加紧密。在集成化的智能制造系统中，从优化设计、模拟加工到预测成形、过程控制、虚拟装配及检验优化，一系列复杂工艺环节得以无缝衔接，极大地加速了产品开发与生产周期，推动了制造业向智能化、高效化方向的深刻变革。

特别值得一提的是，材料受迫成形作为一类重要的成形工艺，其在特定边界与外力约束下的操作特性，如铸造、锻压、粉末冶金及高分子材料注射成形等，不仅展示了材料成形技术的多样性，也反映了先进制造工艺技术在应对复杂加工需求时的灵活性与创新性。

四、精密洁净铸造成形技术

（一）精密铸造成形技术

先进的铸造工艺，以其熔体的高度洁净、组织的致密性、表面的光洁度及尺寸的精准度著称，不仅显著降低了原材料消耗与生产成本，还推动了工艺过程的自动化进程，有效缩短了生产周期，改善了工作环境，引领铸造生产向绿色化转型。同时，这些工艺确保了铸件毛坯卓越的力学性能，力求实现少切削乃至无切削的目标。依据铸件工艺特性的差异，先进的铸造工艺细分为熔模精密铸造、金属型铸造等多种技术路径。

熔模精密铸造，作为精密铸造领域的佼佼者，采用易熔材料制成蜡模，经多层耐火材料涂覆硬化后，熔去蜡模形成形壳，再经焙烧浇注而成铸件。此工艺无分型面限制，能够制造出尺寸精度高、表面粗糙度低的复杂形态零件，适用于对精度要求极高的铸件，尤其是涡轮发动机叶片等无须额外加工余量的部件。其工艺流程严谨，涵盖模具设计制造、蜡模压制、检测修整、组树制壳、脱模焙烧、浇注、后续处理等多个环节，确保了产品质量的卓越性。

另一重要分支金属型铸造，则通过液态金属直接浇入可重复使用的金属铸型中来获得铸件。金属型的高导热性虽带来铸件机械性能与表面质量的提升，但也要求采取预热铸型、表面喷涂料、提高浇注温度等措施以克服其无退让性和透气性不足的问题。此工艺生产的铸件尺寸稳定、表面光洁，尤其适合铜合金、铝合金等非铁金属铸件的大批量生产，如活塞、连杆等汽车关键部件，展现了高效、高质量的生产潜力，尽管其初期制造成本较高且需注意防范特定铸造缺陷。

消失模铸造作为前沿的铸造工艺，采用泡沫塑料模型，在浇铸过程中模型被熔融金属取代，直接冷却凝固成铸件。此过程简化了传统砂型铸造的复杂工序，如起模、分型等，消除了因此产生的尺寸误差和缺陷，确保了铸件的高尺寸精度（可达 CT5 ~ CT6 级）和低表面粗糙度（6.3 ~ 12.5μm）。其广泛的适用性，不受铸件结构、尺寸、重量、材料和批量的限制，尤其擅长生产复杂形状铸件，极大地提升了生产效率和清洁生产水平，被誉为“21 世纪的新型铸造技术”及“铸造中的绿色工程”，在航空、航天、能源等高精度铸件制造领域得到广泛应用。

另外，陶瓷型铸造作为精密铸造技术的新发展，结合了砂型铸造与熔模铸造的优势。通过一系列复杂工艺，包括硅酸乙酯处理、模型准备、灌浆、结胶硬化、喷烧、焙烧等，最终在弹性状态下起模，利用耐高温且变形小的陶瓷面层，实现了与熔模铸造相媲美的尺寸精度和表面质量。陶瓷型铸造灵活适应不同规模的铸件生产，从几千克到数吨均可，特别适用于厚大精密铸件的单件或小批量生产，如冲模、锻模等模具制造，但批量大、质量轻或形状复杂铸件的生产则非其所长，且自动化程度相对较低。

半固态铸造则是铸造技术的一项创新，通过液态金属凝固过程中的强力搅动，控制金属组织形态，实现颗粒状组织的形成，进而压铸成坯料或铸件。这项技术融合了铸造与锻压的优势，具有成形温度低、模具损耗小、节能高效、铸件性能优越（气孔率低、组织细密）、尺寸精度高、成本低廉及对模具要求不高等特点，是制造复杂零件的理想选择，被视为 21 世纪极具潜力的近净成形技术之一。

（二）清洁铸造技术

面对日益严峻的环境保护与资源节约挑战，清洁铸造理念已成为 21 世纪铸造工业发展的核心标志。这一理念涵盖了多个关键方面：首先，采用洁净能源策略，如推广铸造焦炭替代冶金焦炭，以及利用低粉尘、少熔渣的感应炉取代传统冲天炉，旨在从源头上减轻熔炼作业对空气的污染。其次，发展无砂或少砂铸造技术，如压力铸造、金属型铸造及挤压铸造等，不仅优化了铸造作业环境，还提高了资源利用效率。同时，注重工艺材料的环保性，推广使用无毒无味的变质剂、精炼剂及黏结剂等，进一步保障生产过程的安全与环保。此外，推广高溃散性型砂技术，如树脂砂、改性水玻璃砂等，既提升了铸件质量，又便于后续废弃物的处理与回收。在废弃物管理方面，强调再生与综合利用，如通过旧砂再生回收技术、熔炼炉渣的综合处理等手段，实现资源循环。最后，自动化作业成为重要趋势，铸造机器人与机械手的广泛应用，不仅替代了工人在恶劣条件下的繁重劳动，还显著提升了生产效率和安全性，共同推动了铸造工业向绿色、高效、可持续的方向发展。

五、精确高效塑性成形技术

金属塑性成形是利用金属的塑性，借助外力使金属发生塑性变形，成为具有所要求的形状、尺寸和性能的制品的加工方法，也称为金属压力加工或金属塑性加工。

（一）精密模锻

精密模锻是一种先进的锻造技术，它利用高精度模锻设备，专门用于生产形状复杂且精度极高的锻件。相较于传统模锻工艺，精密模锻显著缩小了锻件的公差和余量，仅为普通锻件的约三分之一，同时表面粗糙度 Ra 值可达到 0.8～3.2 μm，几乎接近半精加工水平。实现这一高标准要求精密模锻在多个环节进行精细操作：首先，需精确计算原始坯料的尺寸，确保从源头上控制公差与精度；其次，坯料表面需经过细致清理，彻底去除氧化皮、脱碳层等缺陷；加热过程中采用无氧或少氧化方法，以减少氧化皮生成；模具设计方面，精锻模膛精度需高于锻件两级，并配备导柱导套结构确保合模精准，同时开设排气小孔以降低金属变形阻力；此外，模锻过程中还需有效冷却模具并进行充分润滑。精密模锻通常在刚度强、运动精度高的设备（如曲柄压力机、摩擦压力机、高速锤等）上执行，这一工艺不仅提升了锻件的精度和生产效率，还有效降低了成本，是现代制造业中不可或缺的高技术锻造手段。

（二）挤压成形

挤压成形技术是一种先进的塑性加工方法，它通过对置于挤压模具内的金属坯锭施加极高的压力，迫使其发生塑性流变，进而从模具的出口处挤出或直接填充至凸模与凹模构成的型腔内，最终获得预定形状与精确尺寸的零件。其中，当坯料的变形温度维持在低于材料再结晶温度的范围内（一般等同于室温条件）进行挤压时，这一过程被称为冷挤压。冷挤压工艺中，金属因处于较低温度环境下，其变形抗力相较于热挤压显著提升，但这一特点也赋予了产品极高的尺寸精度，通常可达到 IT5 至 IT9 级别，同时表面质量优异，粗糙度 Ra 值能低至 0.4～3.2 μm。此外，冷挤压过程中的冷变形强化作用还能有效提升产品的材料强度，使得最终产品不仅外形精准，性能亦得到增强。

（三）超塑性成形

超塑性成形是一种独特的压力加工工艺，它依赖于材料在特定内外部条件下展现出的非凡流变特性。当材料处于适宜的微观组织状态（如晶粒形状、尺寸及相变等内部条件）与外部环境（如温度、应变速率等）时，会表现出异常低的流变抗力和极高的延伸能力，如某些钢材的伸长率可超过 500%，纯钛达到 300%，而锌铝合金更是惊人地超过 1000%。超塑性现象主要分为细晶粒超塑性和相变超塑性两大类，前者要求材料具备等轴稳定的细晶组织，在特定温度和极低的变形速度下实现；后者则通过材料在相变温度附近经历多次热循环处理，从而获得显著的伸长能力。

在超塑性成形领域，锌铝合金、铝基合金、铜合金、钛合金及高温合金等是常用的材料。这些材料在超塑性状态下，变形过程中无缩颈现象，所需变形应力大幅降低，甚至可降至原应力的几十分之一至几分之一，从而在微小应力作用下实现巨大变形。

这一特性使得超塑性材料能够通过挤压、模锻、板料冲压及板料气压等多种成形方法，轻松制造出结构复杂的工件，为现代制造业提供了前所未有的加工灵活性和高效性。

（四）精密冲裁

精密冲裁是一种旨在实现冲裁件纯净剪切分离的先进工艺，它建立在传统冲裁技术之上，通过精细化的模具结构设计显著提升冲裁件的精度，使其达到IT6至IT9的级别，同时断面粗糙度Ra值可控制在0.4～1.6 μm。这一工艺的核心策略包括光洁冲裁、负间隙冲裁及带齿圈压板冲裁等多种技术手段。光洁冲裁通过采用小圆角刃口与极小间隙设计，增强了变形区的静水压力，优化了金属的塑性变形行为，将原本易产生裂纹的刃口侧面转变为压应力区，并利用刃口圆角促进材料顺畅流动，从而有效抑制或延迟裂纹形成，确保冲裁件以塑性剪切方式断裂，获得光洁断面。其间隙设置通常小于0.01至0.02 mm，且依据冲裁类型（落料或冲孔），刃口圆角配置于凸模或凹模上。负间隙冲裁则采用凸模尺寸略大于凹模型腔的设计，形成负间隙，迫使材料以倒锥形毛坯形式被压缩入凹模内，这一过程逆转了常规冲裁的裂纹扩展方向，特别适用于铜、铝及低碳钢等软质材料，能进一步提升尺寸精度至IT9至IT11，并降低断面粗糙度至0.4～0.8 μm。而带齿圈压板的精冲工艺，则直接从原材料中生产出高精度、光滑剪切面的冲压件，且兼容复合冲压工序，如沉孔、半冲孔、压印、弯曲及内孔翻边等，极大地拓宽了精密冲压成形的应用范围与灵活性。

六、粉末锻造成形技术

粉末锻造作为一项融合低成本与高密度优势的粉末冶金近净成形技术，巧妙结合了传统粉末冶金与精密锻造工艺的精髓。该技术以金属粉末为基石，历经冷压成型、烧结及热锻（或直接热等静压及模锻）等步骤，最终锻造出精密锻件，实现了工艺与材料的深度整合。其毛坯形式多样，包括烧结体、挤压坯及热等静压坯，赋予了材料设计前所未有的灵活性，可根据产品性能需求定制合金成分，打破了传统锻压加工的局限，促进了产品、工艺与材料的一体化发展。

在材料选择上，预合金雾化钢粉因其优异的力学性能成为粉末锻造的首选，尤其是添加了适量Ni、Mo及Cu的钢粉，显著提升了锻件的淬透性。原材料粉末的制备技术多样，包括还原法、雾化法等，其中雾化法因其高效合金粉末制备能力及良好的粉末性能控制，成为大批量生产的优选方案。此外，快速冷凝与机械合金化等先进技术也逐步应用于特殊合金粉末的制备，进一步拓宽了粉末锻造的应用边界。

粉末锻造过程对模具精度要求严苛，通常在密闭模腔内进行，模具的预热与润滑成为确保锻件质量与模具寿命的关键。预热温度控制在200～300℃，有效防止了型坯与模具接触时的激冷现象，促进了致密化进程。同时，良好的模具润滑降低了坯料滑移阻力，优化了成形效果。锻后处理方面，针对锻件内部孔隙的未完全扩散结合，可采用退火、再烧结或热等静压等措施加以改善，并可进行常规热处理以调整性能。最终，粉末锻件在必要时辅以少量机械加工，以满足高精度装配要求，展现了其在高端结构零件制造领域的广泛应用潜力。

第二节 超精密与高速加工技术

一、超精密加工技术

（一）超精密加工技术概述

精密与超精密加工技术，作为衡量制造业尖端实力的重要标尺，其核心在于追求加工精度至前所未有的细微境界。随着科技的飞速进步，这些技术不仅直接关系到零部件及整机的性能表现，更深刻影响着产品的使用寿命、能效水平及环境友好性。高精度加工确保了机械部件间的无缝配合、运动副的精准运作，进而延长了设备寿命并降低了维护成本，是现代工业追求高效、绿色生产的基石。

超精密加工技术，作为这一领域的璀璨明珠，是国家制造业综合实力的直接体现，是推动装备现代化不可或缺的关键技术。它的发展汇聚了机床设计、精密工具、精密计量、环境控制、光电子、计算机仿真、数控编程及先进材料科学等多领域的尖端成果，构建起一个复杂而精密的技术体系。超精密加工不仅是先进制造技术的支柱，更是开启未来科技新纪元的关键钥匙。

精密加工与超精密加工，两者虽一脉相承，却代表着加工精度演进的不同阶段。随着技术边界的不断拓展，曾经的精密加工标准已逐渐融入日常生产，而超精密加工则持续向更微观、更极限的领域迈进。依据加工机理与特性的差异，超精密加工可细分为超精密切削、超精密磨削、超精密特种加工及复合加工等多个分支。

超精密切削，以锋利的金刚石刀具为锋刃，凭借其卓越的硬度、耐磨性和导热性，以及对有色金属的低亲和力，能够在极小的刃口圆弧半径下，实现对工件的精细车削与铣削，创造出表面粗糙度近乎完美的工件表面。而超精密磨削，则在精密磨削的基础上进一步升级，不仅追求镜面级的表面光洁度，更致力于几何形状与尺寸的极致精准，尤其在硬脆材料如玻璃、陶瓷的加工中展现出非凡能力，目标直指纳米级光滑表面的创造。

超精密特种加工，则突破了传统加工方法的局限，直接利用多种物理与化学能量形式，如电子束、离子束、激光束等，实现了对材料的非接触或极小接触加工，为复杂形状与特殊材料的精密制造开辟了新途径。而复合加工技术，更是将多种能量形式与工艺方法巧妙融合，如电解研磨、超声电解加工等，不仅提升了加工效率与精度，还极大地拓宽了加工技术的应用领域，展现出超越单一加工方法的综合优势。

（二）超精密切削加工

超精密切削加工技术以其卓越的精度表现，在高端制造领域占据重要地位，特别是利用金刚石刀具对有色金属、特种合金、光学玻璃、坚硬石材及复合材料进行超精密处理，满足了诸如陀螺仪、天文望远镜反射镜、激光切割机反射镜、计算机磁盘基底、录像机精密磁头及复印机硒鼓等高精度部件的制造需求。以计算机硬盘基片加工为例，采用单晶金刚石刀具进行镜面车削铝合金基片，相较于传统的敷砂研磨工艺，不仅实现了表面粗糙度的显著降低，更是在磁层厚度逼近 1 微米的关键尺度上，展现出比研磨加工高出 14% 的表面光洁度优势，同时大幅提升了生产效率。超精密切削的核心竞争力在于其能够实现被加工表面的纳米级微量切除，这一切除量精细至远小于工件本身的设计精度要求，标志着切削技术达到了纳米级的加工水准，即若切削深度达到 1 纳米，即意味着加工精度跨入了纳米技术的崭新境界。

超精密切削加工刀具必须具备以下特征。

1. 锋利的切削刃

微量切削技术的核心挑战之一在于实现极小的切削厚度，这一极限值直接受到刀具切削刃圆弧半径的制约。具体来说，刀具切削刃的圆弧半径越小，理论上所能达到的最小切削厚度也随之降低，从而能够更精细地加工材料表面。因此，研发与设计具备纳米级刃口锋利度的超精密切削刀具，成了推动超精密切削加工技术发展的关键突破点。这种纳米级刃口的刀具，不仅要求材料科学上的创新，还依赖于精密制造技术的不断进步，以确保刀具刃口的极致锋利与稳定性，进而满足超精密加工领域对极高精度和表面质量的苛刻需求。

2. 高强高硬的刀具材料

超精密加工对刀具切削刃的性能提出了严苛要求，它必须能够承受加工过程中产生的巨大切应力。在承受这些应力的同时，切削区域会积聚大量热量，导致切削刃处温度急剧升高，因此，刀具材料需具备卓越的高温强度和硬度。在这一背景下，超硬材料如金刚石和立方氮化硼等脱颖而出，成为精密加工领域的佼佼者。金刚石以其极高的致密性、优异的高温强度和硬度，加之经过精密研磨后展现出的高精度几何形状和低表面粗糙度，成了执行极薄切削任务的理想刀具材料。然而，金刚石刀具并非无缺，其脆性特点意味着对振动极为敏感，要求切削过程必须高度稳定。此外，金刚石与铁原子间显著的亲和力限制了其在钢铁材料切削中的应用。

3. 切削刃应无缺陷

切削过程本质上是切削刃几何形态在工件表面上的精准映射，这一过程对切削刃的完整性提出了极高的要求。任何细微的切削刃缺陷都将直接反映在工件表面，导致加工精度下降，无法获得预期的光滑度与精度。因此，刀具材料的选择同样至关重要，它需具备良好的抗黏结性能，与工件材料间的亲和力应尽可能小，以减少切削过程中的摩擦与黏附，确保加工表面的质量。

对于超微量切削而言，实现这一高难度加工任务的核心在于配备先进的微量移动工作台及其进给驱动装置。这些装置不仅能够提供精确至微米乃至纳米级的微量进给，还需支持刀具角度的微调，确保切削过程的精细控制。此外，整个系统必须实现全面的数字化控制，以便根据加工需求灵活调整切削参数，达到超精密加工的目标。

超精密加工机床作为这一领域的核心装备，其性能要求极为严苛。首先，机床需具备极高的精度特性，涵盖主轴回转精度、导轨运动精度、定位精度、重复定位精度、分辨率及分度精度等多个方面。其中，精密主轴部件常采用空气静压回转轴承，以达成极低的回转误差（如 0.025 ~ 0.050 μm），同时保持运动的平稳与低振动，尽管空气轴承在刚度和承载能力上有所不足，但在小型超精密机床中仍广受欢迎；而大型机床则更倾向于液体静压轴承以弥补这些不足。

其次，机床的整体刚度与稳定性同样不容忽视。超精密机床通常采用T形结构布局，优化工件与刀具的相对运动轨迹，提升导轨精度。床身与导轨材料多选用花岗石，因其线胀系数小、阻尼特性优良且尺寸稳定，有助于维持机床长期的高精度状态。机床还需具备出色的抗干扰、抗振动能力，确保在复杂加工环境中仍能稳定可靠地运行。

最后，为实现超精密切削的微量进给要求，机床必须集成精密的微量进给装置，支持数字控制下的微米至纳米级切削深度调节。这些进给装置可能采用机械传动、电磁驱动、弹性变形或压电陶瓷等多种先进技术，以满足超精密加工对于切削用量精确控制的极致追求。

目前，我们常采用压电陶瓷式传感器作为微动执行元件，利用其电致伸缩效应实现微位移。我国已可制作分辨率为纳米级，重复精度为50 nm的微量进给装置。

（三）超精密磨削加工

随着科技的飞速进步，尖端技术与国防工业对高精度、高表面质量硬脆材料的需求日益增长，如单晶硅片、蓝宝石基片、工程陶瓷及光学玻璃等。针对这类材料的加工，传统超精密切削方法显得力不从心，而超精密磨削技术应运而生，专门应对硬脆材料的极致加工挑战。超精密磨削凭借其对高度镜面表面质量的实现能力，展现出巨大应用潜力，尽管其加工过程复杂，要求工艺系统具备高刚度以应对砂轮面状接触带来的数倍乃至百倍于切削刃的阻力。此外，磨削后工件表面易受到切削力、热影响，导致加工硬化、残余应力、热变形及裂纹等问题。

在超精密磨削中，砂轮作为核心工具，金刚石与立方氮化硼砂轮因其锐利、耐磨、颗粒均匀的特性而备受青睐。砂轮结合剂的选择同样关键，树脂、陶瓷及金属结合剂各有千秋。以特定粒度与结合剂的金刚石砂轮进行精磨，可显著提升加工精度至纳米级。然而，极细粒度砂轮易遭切屑堵塞，维持其锋利度与容屑空间成为挑战。

另辟蹊径，砂带磨削技术凭借其磨削、研磨与抛光的多重功效，成为超精密加工的另一选择。该技术高效、经济，尤其适用于减少工件变形与热损伤，实现超光滑表面。同时，确定量微磨技术通过高精度机床与精密控制策略，进一步提升了磨削加工的确定性，减少了表面损伤，实现了纳米级表面粗糙度，效率与质量均优于传统研磨工艺，展现了超精密加工领域的技术革新与无限可能。

（四）超精密抛光加工

超精密抛光加工，作为现代制造业中的顶尖终加工技术，以其极小的材料去除量和超乎寻常的加工精度著称，能够实现纳米级的加工精度，为工件赋予无与伦比的光滑度与质量。其核心机理巧妙融合了微细磨粒的机械作用与化学效应，借助软质抛光工具、电磁场调控或化学溶液的辅助，实施一种复合加工策略，通过微量材料的精确移除，塑造出超光滑表面。

抛光工艺领域广阔，涵盖了机械抛光、化学抛光、化学机械抛光、液体抛光、电解抛光及磁流变抛光等多种技术路径。其中，化学机械抛光技术，特别是针对硅片加工优化的版本，已成为当前最为普及且技术成熟的超精密抛光手段。在硅片化学机械抛光过程中，加工液不仅作为介质，还能在硅片表面形成一层保护性的水合膜，有效抑制加工过程中变质层的形成，确保加工质量。这一技术在超大规模集成电路制造中占据核心地位，是实现硅片全面平坦化的关键，对半导体工业的发展贡献卓著，并持续推动着其应用边界的拓展，探索更多领域的精密加工可能性。

（五）超精密加工技术的发展趋势

随着全球制造业规模的不断扩张与精度要求的日益严苛，超精密加工技术正经历着深刻的变革与多元化发展趋势，引领着制造业迈向新高度。

首先，技术前沿正稳步向更高精度与大型化双重维度并进。加工精度的极限探索，从亚微米、纳米乃至亚纳米尺度，不断挑战物理边界，这要求超精密机床、微型刀具设计达到前所未有的精度水平，同时伴随着快速响应控制反馈系统、恒温恒湿超洁净环境等关键支撑技术的同步跃进。这些技术的集成创新，共同构筑了超精密加工的技术基石，任何单一环节的短板都将直接影响最终加工成果的品质。此外，大型化加工需求的激增，尤其是在航空航天、电子通信等领域，促使大型超精密加工设备的研发成为焦点，以满足如大型天文望远镜镜面、激光核聚变装置等巨型构件的高效、高精度制造需求，国防科技大学在这一领域的突破，正是这一趋势的生动例证。

其次，微型化趋势亦不可忽视。随着产品微型化趋势的加剧，微型传感器、微电子元件及微型马达等微纳尺度元器件的高精度、低成本制造成为新的技术挑战。超微细加工技术作为回应这一需求的关键，正积极探索更加精细化的加工手段，力求在极小的空间尺度内实现功能的最大化与性能的最优化，为微纳技术的发展开辟新路径。

再次，集成化与复合加工成为超精密加工装备的未来方向。现代超精密加工系统不仅追求单一加工环节的极致，更着眼于整个加工流程的集成优化，力求实现车、铣、磨、抛、检测及补偿加工的一体化，构建高效闭环的制造体系。同时，光电检测技术的飞速进步，为加工过程中的实时监测与精准调控提供了强大支持，进一步提升了加工精度与效率。

最后，面对常规材料性能局限的挑战，超精密加工领域正积极拓宽材料应用范围，探索陶瓷、环氧树脂、石墨复合材料等低线胀系数材料，以及铁氧体、错合金、纤维增强复合材料等具有特殊性能的新材料加工技术。这要求不断创新加工原理与方法，以适应现代先进制造业对材料多样性、高性能的迫切需求，推动超精密加工技术向更广阔的应用领域拓展。

二、高速加工技术

高速加工，这一融合了高速切削加工技术与高性能切削加工技术的先进领域，标志着现代制造业的一次重大飞跃。它依托于高速机床平台，运用由超硬高强度材料制成的刀具，通过显著提升切削速度与进给速度，实现了材料去除率的大幅跃升，同时兼顾了加工精度与表面质量的卓越表现。在航空航天、汽车及船舶制造等高端制造领域，高速加工技术的广泛应用不仅显著提升了生产效率，降低了生产成本，还以其高效能、低能耗的特点，为绿色生态的可持续制造理念提供了坚实的技术基石。这一技术的推广与应用，对于推动我国制造业由“大”向“强”的战略转型，具有不可估量的价值与深远的意义。

（一）高速加工技术特点

高速加工技术，作为先进制造技术的前沿阵地，持续演进以适应制造业的最新需求，其确切定义人们尚未形成共识。该技术依据不同的工件材质与切削模式，界定了多样化的高速切削速度区间。具体而言，铝合金材料的切削速度超过 1600 m/min、钢材达 700 m/min、铸铁则超过 750 m/min，而纤维增强塑料的切削速度范围更是横跨 2000 至 9000 m/min，标志着高速切削加工的广泛应用。具体到切削工艺，车削、铣削、钻削及磨削等领域的高速加工速度分别界定于 700 至 7000 m/min、300 至 6000 m/min、200 至 1100 m/min 及超过 250 m/s，展现了技术应用的灵活性与深度。

针对铝合金等易于切削的材料，高速加工的核心优势在于显著提升加工效率。高速切削机床配备的高切削速度与进给速度，不仅极大地加快了材料去除速率，还缩短了非切削时间，同时利用了高速切削过程中切削力小、切削热被有效导出及加工表面质量优异的特性，实现了大批量高效生产。然而，面对高温合金、钛合金等难加工材料，刀具磨损成为一大挑战，因切削速度提升导致的极端高温对刀具材料提出了严苛要求，刀具的失效往往受制于其热性能，包括熔点、耐热性、抗氧化性、高温下的力学性能及抗热冲击性能等，这些因素共同构成了难加工材料高速切削技术发展的关键点。

相较于传统切削加工，高速切削加工展现出一系列显著优势。首先，其切削速度显著提升，加工效率极为突出，单位时间内材料切除率可轻易达到常规切削的 5 至 10 倍乃至更高，大幅缩短了加工周期，并因进给速度的加快而进一步减少了机床的非生产时间，从而极大提升了机床整体的生产效率。其次，高速切削条件下，切削力显著降低，尤其是径向切削力的大幅减少，为薄壁件、肋板等刚性较弱零件的精密加工提供了理想条件。再次，切削过程中产生的热量大部分被高速流动的切屑带走，仅有极少数传递给工件，有效抑制了工件的热变形与残余热应力，这对于热敏感性材料的加工尤为重要。此外，高速切削机床以其超高的激振频率，成功避开了工艺系统的低阶固有频率区间，实现了平稳无振动的加工过程，确保了加工表面的高质量与卓越的动态性能。例如，采用 PCBN 或陶瓷刀具进行淬硬钢的高速切削，可直接实现“以切代磨”，省略了磨削步骤，特别是在模具制造领域，高速切削技术凭借其出色的表面质量，大幅减少了后续人工修磨抛光的需求，不仅提高了加工效率，还有效降低了生产成本。

（二）高速切削加工的关键技术

1. 高速进给系统

高速切削机床追求极致的主轴转速，这必然要求与之相匹配的进给速度，以优化每齿进给量，确保加工效率与质量的双重提升。早期，高速进给系统依赖于创新的滚珠丝杠传动技术，通过采用大导程滚珠丝杠与提升伺服进给电机的转速策略，实现了约 60 m/min 的进给速度。然而，随着技术的发展，直线电动机驱动系统凭借其卓越的性能脱颖而出，其静态与结构动态特性显著依赖于位置控制周期的精准度，实现了低至 100 ~ 300 μs 的迟滞时间，不仅增益系数高，而且承载刚度强。

相较于传统机床，直线电动机机床在设计上进行了诸多革新，以突破速度与寿命的限制。传统机床受限于导轨的抗摩擦磨损性能、滚珠丝杠的驱动效率及其临界转速，而直线电动机机床则普遍采用滚动导轨设计，大幅提升了抗摩擦与磨损性能。此外，为确保直线电动机的长期稳定运行，避免关键部件因电气损耗而受损，稳定高效的冷却系统成为标配，有效维持了系统的热稳定性。针对机床的移动部件，轻量化设计理念被广泛应用，旨在不减损刚度的前提下，通过减轻重量来实现最大速度和加速度，进一步推动了高速切削机床性能边界的拓展。

2. 高速切削刀具系统

刀具技术作为高速切削加工领域的关键驱动力，其发展历程深刻影响了切削速度的提升与加工效率的飞跃。从最初的碳素工具钢到现代的高性能材料如陶瓷、立方氮化硼（CBN）及金刚石刀具，每一次材料革新都伴随着切削速度的巨大飞跃，从低速的 1 ~ 10 m/min 跃升至如今的 1000 m/min，这一成就不仅是对材料科学进步的颂歌，也是高速切削技术不断突破极限的见证。现代刀具材料在硬度、强度、耐磨性、耐热性及化学稳定性方面的卓越表现，为高速切削在极端条件下保持高效稳定运行提供了坚实基础。其中，涂层硬质合金刀具以其高性价比和广泛的适用性，成为高速切削领域的佼佼者，通过各种先进涂层技术的应用，如单涂层、多层涂层乃至纳米涂层，进一步增强了刀具的表面性能，满足了不同切削条件下的严苛要求。

在切削刀具的连接技术方面，为适应高速切削的需求，整体式刀柄与模块化刀具系统的设计日益成熟，这些系统通过优化结构设计和采用先进的夹持机制（如热缩夹头、高精度弹簧夹头及静压膨胀夹头等），确保了刀具与主轴之间的高精度、高刚度连接，有效抑制了振动，提升了加工稳定性。特别是热缩刀柄与 ER 夹头，凭借其结构简单、夹紧力大、动平衡优良的特点，在高速切削领域得到了广泛应用。

此外，刀具的动平衡技术对于高速切削而言至关重要。不平衡的刀具系统在高速旋转时会产生巨大离心力，引发机床振动，不仅影响加工质量，还可能对设备安全构成威胁。因此，采用可调节的刀具平衡系统，如平衡调整环等，定期检查刀具与刀杆的疲劳状况，选择短而轻的刀具设计，以及使用高性能的 HSK 刀柄，都是确保刀具系统动平衡性能、提升加工稳定性的有效策略。

至于刀具磨损问题，高速切削条件下的磨损机制相较于常规切削更为复杂。虽然理论上切削速度增加会加剧磨损，但实验研究表明，存在特定的切削参数区间，在此区间内刀具磨损量达到最小。这一现象反映了高速切削中载荷动态调整对磨损机制的影响，使得刀具磨损成为多种磨损机理综合作用的结果。因此，合理选用刀具材料、优化润滑条件、精确调控切削参数，成为减少高速切削刀具磨损、延长刀具寿命的重要途径。这些措施的实施，不仅有助于提升加工效率，还能在保证加工质量的同时，推动高速切削技术向更高速度、更高精度、更低成本的方向发展。

3. 高速加工冷却润滑技术

在高速切削加工领域，切削过程中产生的高温成为刀具寿命的头号敌人，合理的冷却润滑策略成为延长刀具使用周期、维持加工效率与质量的关键。遵循环保与可持续发展的原则，冷却润滑技术正经历着深刻的变革，一系列创新方案应运而生，旨在平衡加工效能与环境影响。干式切削作为其中一项前沿技术，彻底摒弃了传统液体冷却润滑介质，直接挑战了刀具材料的耐热极限，尤其是在纯干式或气体射流辅助的干式切削模式下，对刀具材料的性能提出了更高要求。

另外，微量润滑（MQL）切削技术以其独特的润滑机制，在干式与湿式切削之间开辟了一条中间道路。该技术通过精确控制微量的切削润滑液，使其在高压下汽化并直接喷射至切削区域，实现了对切削界面的精准润滑，同时利用压缩空气的气化效应有效清除切屑并控制切削区域的温度上升，显著降低了切削热的产生。MQL 技术不仅大幅减少了润滑液的使用量（通常仅需 5 至 400 mL/h），还实现了加工后工件、切屑及刀具的干燥状态，省去了烦琐的后续清洁步骤，体现了其经济高效与环保无污染的双重优势。

然而，面对难加工材料及特定加工需求，湿式切削作为当前不可或缺的加工方式，仍在一定程度上依赖于大量切削液的循环使用，以实现有效的冲屑、润滑及冷却。尽管短期内难以完全替代，但业界已意识到其环境负担，正积极研发绿色环保的切削介质，旨在从根本上解决切削液污染问题，推动高速切削技术向更加绿色、可持续的方向发展。未来，随着材料科学的进步与切削技术的不断创新，高速切削加工将更加智能、高效，同时兼顾环境友好性，为制造业的转型升级注入强大动力。

4. 高速加工安全性与监控技术

在高速切削加工领域，随着机床转速的飙升，其作业过程中的安全风险也随之急剧增加。以装备有直径 200 mm 铝合金刀盘的高速机床为例，当刀盘以惊人的 27 500 r/min 高速旋转时，一旦发生刀具破损，即便是碎片的微小部分，如四分之一刀体飞脱，其所携带的动能便可达 21 kJ，这一能量量级几乎与枪械射击子弹相当，远远超出了普通金属板（厚度为 5 ~ 12 mm）或有机玻璃隔板（承受范围为 1.3 ~ 7.4 kJ）的防护能力，剩余未被吸收的能量更可能对隔离区外的人员与财产构成重大威胁。

鉴于此，高速机床的安全性设计必须提升至前所未有的高度，涵盖结构设计优化、全方位安全防护措施、实时加工监控及高效的失效保护机制。在被动防护层面，机床防护罩的设计需具备卓越的能量吸收能力，采用如加厚聚碳酸酯板或多层复合材料护板等高级材料，确保在遭遇高速碰撞时，能够最大限度地在隔离区域内消耗碰撞物释放的能量，有效遏制能量外泄。

同时，主动安全防护策略同样不可或缺。高速机床应配备先进的在线监控系统，能够实时捕捉并分析加工过程中的关键安全参数，包括但不限于切削力波动、主轴径向位移异常、刀具破损迹象、主轴振动加剧及轴承温度骤升等潜在危险信号。一旦系统检测到这些异常状况，我们应立即触发预设的安全响应机制，如自动调整加工参数、减缓加工速度，乃至紧急停机，从而在最短时间内消除安全隐患，保护操作人员与设备安全。这类主动安全装置集成了高精度传感器、智能控制器与快速响应执行器，构成了一个高度集成的机电安全系统，为高速切削加工提供了坚实的安全保障。

（三）高速磨削加工的关键技术

高速磨削技术以其独特的优势，显著提升了加工效率与精度标准。其核心特点在于，通过提升磨削速度，即便在维持材料去除率恒定的条件下，也能有效减小单个磨粒的切削厚度，进而降低磨削力，减少工件变形，从而更容易达成高精度的磨削效果。反之，若保持磨削力不变，则高速磨削允许更高的进给速度，直接缩短了加工周期，实现了生产效率的大幅提升。

尤为值得一提的是，高速磨削技术打破了传统磨削仅限于精加工的局限，实现了粗加工与精加工的一体化。相较于普通磨削，高速磨削凭借其卓越的材料去除率，已能与车削、铣削相媲美，这不仅简化了加工流程，减少了加工前所需的粗加工工序及相应机床的配置，还通过“以磨代车”“以磨代铣”的策略，极大地促进了生产效率的飞跃，并有效降低了整体生产成本，为现代制造业的高效、精益生产开辟了新的路径。

高速磨削涉及的主要关键技术有如下几个方面。

1. 高速主轴

在高速磨削技术中，确保主轴的稳定性与效率是至关重要的，因此，配备自动在线动平衡系统成为必要之举。该系统，如机电式自动动平衡装置，巧妙集成于磨头主轴内部，通过电子驱动元件操控轴上的两个可相对转动的平衡重块，实现对磨削振动的即时调控与最小化。然而，随着磨削速度的提升，如从 80 m/s 跃升至 180 m/s，主轴的功率损耗问题愈发凸显，呈现出超线性增长趋势，其中无效功耗比例急剧攀升，从不足 20% 飙升至 90% 以上。这些损耗主要源自空载运行、冷却液摩擦及冷却冲洗等多个环节，尤以冷却润滑液所引起的损耗最为显著，原因在于高速下砂轮与冷却液间的摩擦加剧，加速冷却液至更高速度所耗能量显著增加。

鉴于此，实际应用中，高速磨削速度往往被限定在 100 ~ 200 m/s，以平衡加工效率与能耗成本。高速磨床不仅继承了普通磨床的基础功能，更在结构设计上追求高动态精度、强阻尼性能、卓越的抗震性及优异的热稳定性，以应对高频往复运动带来的挑战。其高频小量的磨削特性，有效降低了磨削力，为精密控制工件尺寸提供了有力支持，尤其适用于高精度薄壁工件的精细磨削加工，展现了高速磨削技术在现代制造业中的独特优势与应用潜力。

2. 高速磨削砂轮

高速磨削砂轮的设计与选择至关重要，它必须满足一系列严苛要求以确保高效、稳定的加工过程。首先，砂轮基体需具备足够的机械强度，以承受高速磨削时产生的强大磨削力；同时，磨粒应具有高突出度，以便容纳大量长切屑，维持连续高效的磨削作业。其次，结合剂的选择同样关键，其必须具备出色的耐磨性，以减少砂轮自身的磨损，延长使用寿命。此外，安全性与可靠性也是不容忽视的考量因素。

针对高速旋转的特性，砂轮基体的设计需精心优化，以应对离心力带来的挑战。例如，某优化后的砂轮基体采用了变截面等力矩腹板设计，并巧妙地将中心的大安装法兰孔替换为多个小安装螺孔，这一创新设计显著降低了基体在关键区域的应力集中，提升了整体结构的稳定性与安全性。

另外，冷却润滑液在高速磨削中的作用不容忽视。其出口流速直接影响磨削效果：当流速接近砂轮圆周速度时，液流束几乎与砂轮圆周同步运动，形成约覆盖圆周 1/12 的贴附层，此时冷却与润滑效果达到最佳，有助于降低磨削温度、保护砂轮与工件表面质量。然而，这一流速条件下，砂轮的清洗效果相对较弱，因此在实际应用中我们需根据具体加工需求调整冷却润滑液的流速，以平衡冷却润滑与清洗效果。

（四）高速加工技术的应用

1. 航空制造业

航空制造业作为高速切削加工技术的先驱应用领域，广泛采用该技术应对飞机制造中的复杂挑战。飞机部件中铝合金零件、薄壁板件及结构梁等关键组件，为确保其结构强度、抗震性能及加工品质，我们常需从整块铝合金材料中铣削成型。传统铣削方法在此类加工中面临效率低下、成本高昂及交货周期延长的显著弊端，而高速切削技术则成为破解这些难题的有效钥匙。它不仅显著提升了生产效率，还通过减少刀具磨损和优化切削过程，直接改善了加工零件的表面质量。尤为值得一提的是，针对镍基合金、钛合金等公认的难加工材料，高速切削技术更是展现出了独特优势。在配备高效的润滑与冷却系统支持下，该技术能有效控制刀具磨损，确保加工表面质量上乘，切削效果卓越，并显著延长了刀具使用寿命，为航空制造业的高质量、高效率生产开辟了新的路径。

2. 模具加工

高速切削技术在模具加工领域展现出了显著优势，尤其针对高强度、高硬度且耐磨性强的合金模具材料，这些材料传统上依赖电火花或线切割等加工方式，但存在生产效率低下的弊端。引入高速切削技术作为替代方案，不仅极大提升了模具的开发速度与加工质量，还实现了加工流程的优化与成本的有效控制。具体而言，高速切削技术能够快速成型模具加工所需的电极，同时确保电极表面质量上乘、加工精度卓越，从而大幅削减了电极及模具的后续加工量，降低了整体制造成本。更令人瞩目的是，高速切削技术还具备直接加工淬硬模具的能力，借助新型超硬刀具材料，实现了淬硬状态下的高效硬切削，其材料去除效率远超电火花加工，更可省去电极制造步骤，直接获得优于电火花加工的表面质量，为模具加工行业带来了革命性的变革。

（五）高速加工技术的展望

高速加工技术，凭借其显著提升加工效率、优化加工质量及降低成本的显著优势，不仅创造了可观的经济效益，还激发了高新技术产业的蓬勃发展，展现出强大的生命力和广阔的应用潜力。针对铝及合金等轻质金属与碳纤维塑料等非金属材料，高速加工的速度瓶颈主要源自机床主轴转速与功率的限制，这促使高速加工机床领域持续创新，推动小质量、大功率高转速电主轴、高加速度直线电机及高速高精度数控系统为核心的新型加工中心快速迭代升级。

另外，铸铁、钢及其合金、钛合金、高温耐热合金等超级合金及金属基复合材料的高速加工则面临刀具寿命的严峻挑战。现有刀具材料在处理这些高硬度、难加工材料时，刀具寿命普遍偏短，尤其是钢、淬硬钢、超级合金及金属基复合材料的加工更为显著，限制了实际加工速度的提升。因此，要突破这一瓶颈，关键在于刀具材料的研发与进步，通过新材料、新技术的引入，延长刀具在这些高难度加工场景中的使用寿命，从而全面释放高速加工技术的潜能。

第三节　增材制造与微纳制造技术

一、增材制造技术

增材制造，这一术语在狭义上专指结合不同能量源与CAD/CAM技术的先进体系，它利用分层累加材料的方式构建复杂结构件。而广义的增材制造则是一个更为宽泛的概念，涵盖了所有以材料逐层累加为核心特征，旨在直接生产零件的技术集合。这一领域广为人知的术语“3D打印”正是增材制造的通俗表达，它深刻体现了通过数字化手段逐层添加材料来构建物体的技术精髓。这一技术基于离散－堆积的基本原理，颠覆了传统制造中材料去除或切削的加工模式，采用自下而上的累积方式，为制造业带来了革命性的变化。

自光固化增材制造成形机首次商业化以来，增材制造领域经历了飞速的发展，涌现出超过二十种不同的工艺方法，每一种都展现了其在特定应用领域的独特价值。在快速原型制造阶段，光敏液相固化法、叠层实体制造法、选区激光烧结法及熔丝沉积成形法等技术已相对成熟，它们共同推动了产品原型设计到制造的快速迭代过程。

近年来，随着技术的不断突破，增材制造领域迎来了新的飞跃，特别是在金属零件直接成形方面取得了显著进展。一系列创新的工艺方法被开发出来，使得金属材料的增材制造成为可能，极大地拓宽了增材制造的应用边界。同时，为了满足更广泛的市场需求，经济普及型三维打印工艺也应运而生，这些工艺不仅降低了增材制造的门槛，还促进了其在教育、创意产业及日常生活等多个领域的普及与应用。增材制造技术的持续演进，正引领着制造业向更加灵活、高效、个性化的方向迈进。

表5－1　增材制造工艺方法

名称	适用材料	特征	运用
光固化成形	液态树脂	精度高、表面质量好	航空航天、生物医学等
选区激光烧结	高分子、金属、陶瓷、砂等粉末材料	成形材料广泛、应用范围广等	制作复杂铸件用熔模或砂芯等
选区激光熔化	金属或合金粉末	可直接制造高性能复杂的金属零件	用于航空航天、珠宝首饰、模具等
熔丝沉积成形	低熔点丝状材料	零件强度高、系统成本低	汽车、工艺品等
激光近净成形	金属粉末	成形效率高、可直接成形金属零件	航空领域

续表

名称	适用材料	特征	运用
选区电子束熔化	金属粉末	可成形难熔材料	航空航天、医疗、石油化工等
电子束熔丝沉积	金属丝材	成形速度快、精度不高	航空航天高附加值产品制造
叠层实体制造	片材	成形速率高、性能不高	用于新产品外形验证
立体喷 EP	光敏树脂、黏结剂	喷黏结剂时强度不高、喷头易堵塞	制造业、医学、建筑业等的原型验证

（一）光固化成形法

光固化成形技术，作为增材制造领域的先驱，其工作原理精妙而高效。在成形过程中，高度聚焦的紫外光束遵循计算机精确指令，在液态树脂表面逐点扫描，形成连续的线条，进而编织成完整的二维切片层。光束触及之处，光敏树脂迅速固化成形，而未受扫描的树脂则保持液态，静待下一轮操作。随着每一层切片的固化完成，工作台精准下降一层厚度，新一层液态树脂被精确浇注并均匀刮平，随即再次接受紫外光束的扫描固化，新固化的层与上一层紧密结合，如此层层累积，直至三维实体零件完美呈现。

光固化成形法以其卓越的成形精度著称，能够达到 ±0.1 mm 的制造精度，加之材料利用率高，其成为制造复杂且精细树脂零件的理想选择。然而，这项技术亦非毫无瑕疵，高昂的材料成本、对支撑结构的必要设计需求，以及加工环境中可能存在的异味，都是其在实际应用中需要考量的因素。尽管如此，光固化成形技术依然以其独特的优势，在增材制造领域占据着举足轻重的地位。

（二）叠层实体制造法

叠层实体制造法是一种独特的增材制造技术，其核心在于利用单面带有热熔胶的纸材或箔材层叠黏结而成三维实体。这一过程始于将单面预先涂覆热熔胶的纸卷巧妙地安置在供纸辊上，随后，这卷纸材跨越工作台面，最终缠绕至由高精度伺服电动机精确驱动的收纸辊上。在成形阶段，工作台会精准地上升至与纸材表面轻微接触的位置，此时，热压辊沿着纸材表面缓缓滚动，通过其加热功能激活纸材背面的热熔胶，使其融化并与工作台上已铺设的前一层纸材牢固黏合在一起。随着工作台的逐层上升与热压辊的连续作业，纸材层层累加，最终构建出所需的三维结构件。

（三）选区激光烧结法

选区激光烧结法是一种先进的增材制造技术，它巧妙地利用高能激光束在惰性气体保护的密闭环境中，对逐层铺设的粉末材料进行选择性烧结，从而构建出三维实体零件。这一过程始于在成形桶底板上均匀铺撒一层极薄的粉末材料，随后，通过精确调控激光束的强度，确保仅烧结出与当前切片截面数据相匹配厚度的粉末层。激光束依据预设路径精准扫描，所过之处粉末瞬间熔融黏结，逐层累积形成零件的各个切片层。每一新烧结层均紧密贴合于前一层之上，通过不断的层叠构建，最终去除未烧结的粉末，完整的三维零件实体便脱颖而出。

选区激光烧结法的显著优势在于其对成形材料的广泛适应性，理论上，任何能被制成粉末状态的材料都有可能成为其加工对象。此外，该工艺独特之处在于无须额外的支撑材料，粉床本身即可作为自然支撑结构，这一特性使得悬臂、内腔等复杂结构得以轻松实现，这在许多其他制造工艺中是一大挑战。然而，值得注意的是，选区激光烧结法依赖于昂贵的激光器设备，这在一定程度上推高了其应用成本。尽管如此，其卓越的成形能力与灵活性依然使其成为增材制造领域不可或缺的一员。

（四）熔丝沉积成形法

熔丝沉积成形法，作为一种创新的增材制造技术，其核心装置设计灵感源自二维平面绘图仪，但进行了革命性的改造——将绘图笔头替换为精密的挤压头。该工艺通过挤压头精确控制，连续挤出细如发丝的热熔塑料丝，逐层沉积，自下而上构建出复杂的三维实体结构。这一过程无须依赖昂贵的激光系统，设备结构相对简洁，有效降低了初始投资及运营成本，使得该技术更易于普及推广。然而，值得注意的是，为确保成形过程中的结构稳定性，熔丝沉积成形法通常需要使用支撑材料作为辅助，这在一定程度上限制了其设计自由度。此外，成形材料的种类也相对有限，需根据具体应用选择合适的热熔塑料。

另外，关于熔丝沉积成形法在金属零件制造领域的误解我们需予以澄清。实际上，标准的熔丝沉积成形法并不直接利用高能束激光熔化粉末层，而是专注于热熔塑料的沉积。若提及利用激光熔化粉末层来制造金属零件的技术，那更接近于选择性激光熔化（SLM）或类似工艺。在这些工艺中，高能激光束聚焦于预先铺设的薄层金属粉末上，实现局部区域的完全冶金熔化，逐层堆积直至形成接近全致密的金属零件。与选区激光烧结法相比，SLM 确保了金属粉末在成形过程中的完全熔化，而非简单的烧结，从而赋予了零件更高的密度和强度，其性能可媲美锻造件。为了实现这一目标，SLM 工艺采用了高功率密度的激光器，将光斑精确聚焦于几十至几百微米的范围内，确保了金属粉末的快速、均匀熔化。

（五）三维打印技术

三维打印技术（3DP）的工作原理巧妙借鉴了喷墨打印机的技术精髓，但其核心打印系统则由一组精密设计的细小喷嘴构成，这些喷嘴喷出的并非传统墨水，而是多样化的材料，如黏结剂、液态光敏树脂或是熔融塑料等，从而实现了三维实体的逐层构建。

在黏接型 3DP 技术中，粉末材料扮演着核心角色。通过精确控制的喷嘴，我们在粉末层表面喷洒特定黏结剂，使粉末颗粒间形成牢固结合，逐层累积直至整个零件实体完成。这一过程中，工作台与粉末层的交替升降确保了每一层都能精准对接，形成连续且稳固的结构，尤其擅长处理悬臂、内腔等复杂几何形状。

光敏固化型 3DP 则另辟蹊径，采用液态光敏树脂作为打印材料，并在紫外光的照射下即时固化。类似于高效的行式打印机制，打印头沿着预设轨道快速移动，精准喷射树脂并同步固化，逐层堆叠直至整体成型。这一技术路径不仅提高了加工精度，还赋予了制品极佳的表面质量，是制造精细部件的理想选择。

而熔融涂覆型3DP，即我们熟知的熔丝沉积成形技术，利用热塑性材料如ABS、尼龙等丝材作为原料。丝材在喷头内部加热至熔融状态后，被精确挤出并涂覆于构建平台上，随即冷却固化，层层叠加形成最终产品。此技术以其材料的多样性和加工灵活性，广泛应用于原型制作及小规模生产领域。

尽管增材制造技术以其独特的制造原理展现出巨大的发展潜力，但当前仍面临生产效率、制造精度及材料范围等方面的挑战。与传统批量生产技术相比，分层堆积的成形方式限制了其生产速度，导致成本较高。同时，在尺寸精度和表面质量上，增材制造技术尚难以与传统切削加工技术相媲美。此外，材料种类的局限性也是制约其广泛应用的关键因素之一，目前可用于增材制造的材料种类远少于工业中广泛使用的工程材料。

然而，随着技术的不断进步与创新，增材制造正逐步迈向低成本、高精度、多材料的未来。通过与传统制造技术的深度融合与优选集成，以及在新材料研发与应用上的持续突破，增材制造技术有望在未来工业领域实现更广泛的应用，推动制造业向更加高效、灵活、个性化的方向发展。

二、微纳制造技术

微纳制造技术是一门综合性的先进领域，专注于毫米、微米乃至纳米量级微小零件的设计优化、精密加工、精细组装、系统集成及广泛应用。其核心在于跨越纳米至毫米的广阔尺寸范围，实现三维乃至准三维动态结构的批量化生产，解决了从微观到宏观尺寸跨度巨大、批量化与个性化制造需求交织、平面与立体结构并存及加工材料多元化的复杂挑战。微纳制造技术的显著优势在于，通过高效的批量制造模式，不仅大幅降低了生产成本，还显著提升了产品的一致性和可靠性，推动了微型化、精密化产品的大规模普及与应用。

（一）微纳制造工艺概述

机械微加工技术，作为微小零件制造的基石，凭借其小型化机床的独特优势，在加工非硅材料如金属与陶瓷等微小部件时展现出无与伦比的效率与灵活性。该技术不仅体积小、能耗低，而且生产流程灵活多变，能够在保持高效率的同时，精准雕琢出微观世界的精密构造。除了传统的微切削加工外，机械微加工还融合了精微特种加工技术，如电火花加工与微模具压制工艺，这些技术的引入进一步拓宽了其应用范围与加工能力。

光刻工艺技术，作为半导体及集成电路制造领域的常青树，其原理类似于照相制版，却在微细制造领域发挥着不可替代的作用。我们通过在硅基片上涂覆光致抗蚀剂，并利用紫外光等通过精细设计的掩膜进行选择性曝光，随后经过显影与刻蚀步骤，最终在硅基材上勾勒出与掩膜图案相匹配的微细几何结构。这一过程如同微观世界的精密雕刻，每一步都至关重要，典型的光刻流程包括氧化、涂胶、曝光、显影、刻蚀、去胶及扩散等多个环节，共同构成了半导体微细加工的核心工艺链。

牺牲层工艺技术，则是微腔与微桥结构制造的关键所在。通过巧妙地在硅基片上沉积并腐蚀掉特定图案的牺牲层材料，为上层结构提供临时支撑，待牺牲层被去除后，便留下了悬空的微桥或微腔结构。这一工艺在双固定多晶硅微桥的制作中尤为典型，展示了牺牲层技术在构建复杂三维微结构方面的独特魅力。

而 LIGA 技术，则是微细加工领域的一项革命性突破，它将光刻、电铸与微注射技术巧妙融合，实现了三维微结构的批量高精度制造。无论是微轴、微齿轮等机械部件，还是微传感器、微执行器等电子元件，LIGA 技术都能以惊人的加工精度（可达 0.1 μm）与高度（最大可达 1000 μm）批量生产出来，展现了其在微纳技术领域的广泛应用潜力与深远影响。

最后，纳制造技术作为微纳科技的前沿阵地，致力于在纳米尺度上构建微纳器件与结构。扫描探针显微镜作为纳制造的重要工具，不仅包括经典的扫描隧道显微镜与原子力显微镜，还涵盖了激光力显微镜、静电力显微镜等多种类型，它们如同纳米世界的“手术刀”，精确操控原子与分子，为纳米科技的飞速发展奠定了坚实的基础。

（二）微纳制造关键技术

随着微纳制造领域基础科学探索的不断深入，人们的研究视野已逐步跨越宏观界限，深入介观、微观乃至纳观世界，涉及的物理参数也趋向超常或极端条件。这一过程不仅涵盖了从宏观与微观尺度向微米、纳米级别的平滑过渡及其间的相互耦合作用，还见证了结构维度从二维向三维的跨越式发展，其中纳/微/宏跨尺度制造对象与过程日益凸显，尺度效应与界面/表面特性成为主导因素。微纳制造作为一门高度跨学科的技术，紧密融合了光学、机械学、电子学、磁学及生物学等多个领域的知识，要求研究者对复杂多介质场及其多场耦合机制进行综合性探索。面对微纳器件持续向微型化、高效能方向发展的趋势，以及材料种类的日益丰富，如何提升材料的可加工性、精确测量与有效表征，已成为制约微纳制造技术发展的关键科学问题与技术挑战。

随着微纳技术领域的迅猛发展，其设计、加工、测试及应用等各个环节均展现出了前所未有的活力与潜力。在微纳设计技术层面，随着特征尺寸从微米向纳米尺度迈进，非硅材料如金属材料、聚合物和玻璃等的应用日益广泛，多域耦合建模、跨尺度仿真及与多学科交叉融合成为研究热点，推动了微纳设计理论与方法的不断创新。同时，集成化的微纳设计平台应运而生，不仅涵盖了版图设计、性能仿真、工艺仿真等全方位功能，还实现了与其他技术平台如 AUTOCAD、ANSYS 的数据无缝交换，极大地提升了设计效率与兼容性。

在微纳器件与系统的可靠性方面，可靠性设计技术、质量评价与认证技术及典型可靠性测试结构技术的发展，为微纳产品的稳定运行提供了坚实保障。面对复杂结构的设计挑战，多材料、跨尺度、三维结构的设计与仿真技术应运而生，结合制造系统集成的微纳制造设计工具，为制造高精度、高性能的微纳器件与系统开辟了新路径。

微纳加工技术则向低成本、规模化、集成化方向演进，特别是非硅微加工技术的突破，拓展了 MEMS 的材料选择，实现了硅与非硅材料的混合集成，为高性能微传感器与执行器的开发奠定了基础。纳米加工技术通过大规模平行过程与自组装方式，实现了纳米到微米尺度功能器件的批量可控生产，纳米压印、纳米生长、特种 LIGA 及纳米自组装等技术成为研究焦点，探索纳米结构成形的基础理论与关键技术，推动了纳米加工方法的实用化进程。

微纳复合加工技术的兴起，标志着微加工与纳米加工技术的深度融合，自上而下与自下而上的加工方式相结合，以及多尺度结合的微纳复合加工技术，成为微纳制造领域的重要发展方向。在微纳操作、装配与封装技术领域，面对微机电系统组装、纳米互连等高精度操作需求，基于单场或多场的高精度、高通量操纵技术成为研究重点，跨尺度集成封装技术的突破，对于实现复杂微纳系统的集成至关重要。同时，封装成本的优化与封装可靠性的提升，也是亟待解决的关键问题。

微纳测试与表征技术正朝着多维度、多参量耦合的方向发展，旨在实现对微纳结构几何参数、力学性能及动态特性的全面精准测量。新技术、新方法的探索，如实时在线测试方法与快速检测系统的开发，为微纳制造过程的质量控制与性能评估提供了有力支撑。

最终，微纳器件与系统技术以其批量化、高性能及与纳米生物技术的紧密结合，成为推动工业与民生科技领域发展的强大动力。从汽车、航空航天到医疗、健康、环境安全，微纳器件与系统的广泛应用前景不仅促进了传统产业的转型升级，更催生了一系列新兴产业的崛起，为经济社会发展注入了新的活力。

第六章　先进制造模式与智能制造

第一节　计算机集成制造系统

计算机集成制造理念，作为一种引领制造业未来的先进思想，其核心在于运用计算机技术作为桥梁，无缝整合企业内所有与制造流程紧密相关的技术系统，从而构建一个高效协同的工作生态，显著提升企业应对市场激烈竞争的能力。国际标准化组织对此理念进行了权威诠释，将计算机集成制造系统（CIMS）定义为一种革命性的生产方式，它不仅仅是对技术层面的集成，更是将企业的全体人员、多样化功能、海量信息及复杂组织结构深度融合为一个高度一体化的整体，实现了生产流程的全面优化与资源的最大化利用。

一、计算机集成制造系统的基本组成

从系统功能考虑，计算机集成制造系统通常由 4 个功能分系统和 2 个支撑分系统组成。每个分系统都有其特有的结构、功能和目标。

（一）管理信息系统

管理信息系统作为计算机集成制造系统的核心指挥与控制中心，扮演着至关重要的角色，确保系统内各个组成部分能够协调一致、高效运作。其核心架构往往围绕物料需求计划Ⅱ（MRPⅡ）构建，广泛涵盖了预测、经营决策、生产计划（涵盖各级）、生产技术筹备、销售、供应链、财务管理、成本控制、设备管理、工具管理及人力资源管理等多元化管理信息功能。这一集成化的经营管理信息分系统，巧妙地将生产经营活动与管理决策深度融合，各功能模块在共享的数据平台上协同作业，实现了管理信息的无缝集成。此举不仅显著缩短了产品从设计到交付的全周期，还有效减少了库存积压，降低了流动资金占用，极大地增强了企业的市场适应能力和响应速度。

（二）工程设计自动化系统

工程设计自动化系统是计算机辅助产品开发流程的核心，它深度整合了计算机技术于产品从概念萌芽到市场投放的全过程，旨在显著提升开发效率、质量及自动化水平。这一系统覆盖了产品生命周期中的多个关键环节，包括但不限于创新性的概念设计、严谨的工程与结构分析、详尽的详细设计、精密的工艺规划及数控编程等制造准备活动，全面涵盖了计算机辅助设计、计算机辅助工艺规划与计算机辅助制造这三大

核心领域，共同构建起一个高效协同、智能驱动的产品开发环境。

（三）制造自动化系统

制造自动化系统（MAS），作为 CIMS 体系中信息流与物料流的交汇枢纽及经济效益的直接创造者，其核心构成包括数控机床、加工中心、柔性制造单元（FMC）及柔性制造系统（FMS）等先进装备。在计算机的精密控制与调度之下，MAS 能够精确执行数控机床代码，将原材料毛坯逐步加工成符合标准的零部件，并进一步组装成完整的产品，圆满达成设计与管理部门既定的生产任务。同时，MAS 还承担着实时收集与初步处理制造现场各类信息的重要职责，确保这些信息能够迅速反馈至相关部门，为生产调度与实时控制提供坚实的数据支持。

MAS 的核心目标聚焦于三个方面：一是实现多品种、小批量产品的柔性自动化生产，灵活应对市场需求的快速变化；二是追求优质、低成本、短周期及高效率的生产模式，以强化企业的市场竞争力；三是为生产作业人员营造一个既舒适又安全的工作环境，体现人文关怀与技术进步的和谐统一。

（四）计算机辅助质量控制系统

在激烈的市场角逐中，企业生存的基石在于质量，而赢得市场的关键在于全方位满足顾客对产品性能、价格、交货期及售后服务的期待。为此，构建一套完善的质量保证体系显得尤为迫切。计算机辅助质量控制系统应运而生，它贯穿产品生命周期，通过四大核心子系统实现质量管理的全面自动化与智能化。质量计划子系统设定质量提升目标，确立质量标准与技术规范，规划实施路径并预测成效，同时根据生产需求定制检测方案与流程。质量检测管理子系统则专注于原材料、外购件及外协件的质量把控，利用自动化与人工结合的方式实施检验与试验，收集并预处理质量数据，建立详尽的成品档案以优化售后服务。质量分析评价子系统深入剖析设计质量、供应链质量、供应商能力、工序控制点及质量成本等关键要素，精准定位质量问题根源。最后，质量信息综合管理与反馈控制子系统集质量报告生成、综合查询、使用过程质量监控及问题应对措施与反馈机制于一体，确保质量信息的高效流通与持续改进。这一系列子系统的协同运作，为企业构筑了一道坚不可摧的质量防线。

（五）数据库系统

数据库系统，作为 CIMS 架构中的核心支撑体系，扮演着信息集成枢纽的关键角色。在 CIMS 环境中，经营管理信息、工程技术资料、制造自动化数据及质量保证信息四大功能系统，均依赖于一个结构合理、高效运行的数据库系统来实现信息的集中存储与灵活调用，从而确保各系统间信息的无缝交换与共享。

为实现数据的安全性、一致性和维护便捷性，CIMS 的数据库系统往往采用集中与分布相结合的先进架构。此外，鉴于工程数据的复杂性与多样性（涵盖图形、加工工艺规程、数控机床代码等多种类型），CIMS 还特别引入了专用的工程数据库系统，专门用于高效处理这些海量且多样化的工程数据。该系统遵循统一的数据交换规范，与生产管理、经营管理等其他系统紧密集成，共同推动 CIMS 内部数据的全面集成与高效共享，为企业的整体运作提供坚实的数据支撑。

（六）计算机网络系统

计算机网络系统作为 CIMS 不可或缺的基础设施，通过构建计算机通信网络桥梁，无缝连接并整合了物理上分散的 CIMS 各功能子系统，促进了信息的自由流通与共享。依据企业地理布局的广阔程度，CIMS 灵活采用局域网或广域网作为其信息交互的骨架。在多数情况下，CIMS 倾向于构建互联的局域网环境以优化内部通信。然而，面对大型厂区跨越广泛地理区域的特殊情况，局域网可进一步借助远程网络技术实现互联，形成兼具局域网高效局部通信与广域网远程连接能力的综合网络架构。在此基础上，CIMS 依托强大的数据库与计算机网络技术支持，轻松实现各功能子系统间的即时通信，确保全系统的高效集成与协同运作。

二、CIMS 的技术优势

从 CIMS 技术演进的历程来审视，其发展轨迹清晰地划分为三个阶段：首先是信息集成阶段，这一时期的标志性成果是早期计算机集成制造系统的兴起，它为后续发展奠定了坚实的信息整合基础；紧接着是过程集成阶段，以并行工程为代表，该阶段着重于优化生产流程，促进各项制造活动的并行与协同；最终是企业集成阶段，以敏捷制造为典范，实现了企业内外部资源的全面整合与灵活响应市场变化的能力。这三个阶段层层递进，前者为后者铺垫了技术与实践的基础，而同时，每一阶段的集成技术均处于持续进步与完善的动态过程中，共同推动着 CIMS 技术向更高水平迈进。

（一）信息集成

信息集成旨在消除企业内部的“自动化孤岛”现象，促进各孤立系统间的信息流畅交换与共享。其核心内容涵盖两大方面：首先，是构建企业建模、系统设计方法论、配套软件工具及统一规范，这是系统总体设计不可或缺的基石。通过企业建模与设计方法，我们能够清晰勾勒出企业内部的物流、信息流、资金流及决策流之间的复杂关系网络，为信息集成奠定坚实的基础。其次，面对由不同操作系统、控制系统、数据库及应用软件组成的异构环境，信息集成致力于实现各子系统间的无缝对接。早期，这一目标的实现主要依赖于局域网与数据库技术；而今，随着技术的发展，企业网、外联网、产品数据管理系统、集成平台及框架技术的应用日益广泛，极大地提升了信息集成效率与质量。尤为值得一提的是，基于面向对象技术、软构件技术及 Web 技术的集成框架，已成为推动系统信息集成迈向更高层次的关键支撑工具。

（二）过程集成

传统的产品开发模式沿袭了串行流程，将设计与加工割裂为两个独立运作的功能部门，这种模式显著缺乏数字化的产品定义与高效的产品数据管理手段，同时也未能构建一个支持团队间无缝协同工作的计算机与网络环境。这些局限性不可避免地导致了产品开发周期的延长及成本的攀升。相比之下，并行工程作为一种先进的产品开发策略，通过并行处理设计与加工等多个环节，有效打破了部门壁垒，促进了信息的实时共享与团队间的紧密协作，从而显著缩短了产品开发周期，降低了成本，成为解决传统模式弊端的有效途径。

（三）企业集成

企业间集成优化旨在高效整合与利用内外部资源，旨在敏捷制造的框架下，灵活应对知识经济、全球经济一体化及全球制造的新挑战。从管理视角审视，企业通过建立动态联盟，即虚拟企业，重构组织结构为扁平化、哑铃型模式，摒弃传统“小而全”或“大而全”的冗余布局，转型为专注于产品核心竞争力的企业形态。这一过程不仅增强了企业在新产品设计与开发领域的创新能力，还大幅提升了市场开拓能力，同时强调人的核心作用，推动以人为本的管理理念深入实践。企业间集成的关键技术矩阵涵盖了信息集成技术、并行工程核心技术、虚拟制造技术，以及支撑敏捷工程的使能技术系统。此外，基于Internet/Intranet/Extranet等网络平台的敏捷制造模式，与资源优化策略紧密融合，共同构成了企业间集成优化的技术支柱，引领企业向更高效、更灵活、更智能的发展方向迈进。

三、现代集成制造技术的发展趋势

现代集成制造技术正沿着多元化趋势蓬勃发展，其主要动向体现在以下几个方面：一是集成化不断深化，从企业内部的信息与功能集成进阶至过程集成，以并行工程为典范，并正逐步迈向企业间的全面集成，敏捷制造正是这一阶段的标志性实践。二是数字化与虚拟化并进，始于产品设计的数字化，逐步渗透到产品全生命周期的各个环节，实现活动、设备及实体的全面数字化。在此基础上，虚拟化技术迅猛崛起，涵盖虚拟现实应用、虚拟产品开发及虚拟制造，极大地拓展了设计与制造的边界。三是柔性化成为关键，聚焦于企业动态联盟、敏捷设计生产及柔性可重组机器技术的研发，旨在灵活应对市场变化，加速敏捷制造的实现。四是智能化引领未来，作为柔性化与集成化的高级阶段，智能化制造系统融合了人工智能与智能控制技术，旨在构建自律、分布、智能、仿生、敏捷、分形等特性的新一代制造体系。五是绿色化成为共识，强调绿色制造、环境友好设计与生产、生态工厂及清洁化生产等理念，不仅是对全球可持续发展战略的积极响应，也是现代制造业面临的新挑战与机遇，推动行业向更加环保、可持续的方向发展。

第二节　大批量定制与敏捷制造

一、大批量定制

（一）大批量定制的由来

随着科技飞速进步与生活品质的不断提升，市场需求愈发趋向多元化与个性化，加之企业间竞争的白热化，传统的大批量生产模式已难以适应市场快速变化的需求。在此背景下，大批量定制生产模式应运而生，它巧妙融合了大规模生产的效率与完全定制化的灵活性。大批量定制的核心在于，通过深度重构产品结构与制造流程，并借助现代信息技术、柔性制造技术等先进手段，将定制化生产难题转化为批量化生产优势，实现了以接近大批量生产的成本、速度和规模，灵活满足单一客户或小规模多品种市场的个性化需求。这一模式不仅让终端用户享受到量身定制的独特产品体验，也让企业能在保持高效生产的同时，最大化利用现有资源，实现成本效益最大化。简而言之，大批量定制是一种系统化、整体优化的生产方式，它集成了企业内外资源，依托标准化技术、现代设计、信息及先进制造技术，为市场提供了低成本、高质量、高效率的个性化定制解决方案。

（二）大批量定制的分类

面对多元化的定制市场需求，企业灵活采用协同定制、装饰定制、调整定制及预测定制四种策略，或结合这些方式形成综合定制模式，以精准响应市场变化。协同定制强调客户的深度参与，通过企业与客户紧密合作，共同定义产品与服务细节，完美契合客户的独特需求，尤其适用于个人计算机、工业汽轮机等高度个性化产品，有效转变生产模式，从供应链推动转为需求拉动，减少库存积压，简化流程。

装饰定制则立足于标准化产品平台，通过个性化包装与表面装饰满足客户的差异化审美偏好，如定制挂历、T恤图案及手机彩壳等，以低成本高效实现产品差异化。调整定制，亦称适应定制，提供可调节的标准产品，允许用户根据自身需求进行微调与配置，这一模式依托嵌入式技术，让产品内置多种可变功能，如亮度可调灯具、座椅调节等，增强了产品的适应性与灵活性。

预测定制，又称透明定制，则是基于对客户需求的深刻洞察与预测，提前为客户提供量身定制的产品与服务，而整个过程对客户而言是隐形的，如为左撇子用户预装专用鼠标，或网站根据用户兴趣自动调整界面，这种定制方式在提升用户体验的同时，保持了服务的无缝与个性化。

大批量定制的核心策略之一在于协同定制，其用户参与程度灵活多样，企业可根据实际情况选择按订单装配、按订单制造或按订单设计等策略来实施。实现高效大批量定制的关键，在于将客户订单分离点尽可能后移，即推迟从标准化预测生产向个性化定制生产的转变时机。按订单装配模式适用于模块化程度高的产品，如计算机和轿车，它利用预测生产的库存零部件，根据客户需求快速组装成定制产品，装配和销售环节直接响应客户订单。按订单制造则适用于如服装定制等场景，企业在收到订单后，基于标准零部件模型快速调整生产，必要时进行局部设计变更，确保零部件的制造与装配精准满足客户需求。而按订单设计模式，则针对大型设备或特殊纪念品等，要求根据订单中的独特需求全新设计或修改零部件，整个设计、采购、制造、装配到分销流程均紧密围绕客户订单展开，实现了从头到尾的深度定制服务。

（三）大批量定制的基本原理

1. 相似性原理

大批量定制策略的核心在于精准识别并有效利用广泛分布于多样化产品与制造流程中的相似性元素。这一过程深度挖掘几何形态、结构设计、功能特性及生产工艺等多维度的相似性，借助标准化、模块化和系列化等先进手段，有效缩减产品内部的差异性，同时增强零部件与制造流程的重用性与通用性。通过系统化地归纳与整合这些共性信息与活动，如构建标准化的典型产品模型与工艺文档，企业能够在满足客户个性化需求的同时，高效复用现有资源，快速响应市场变化。相似性不仅局限于零件几何形态的几何相似性，还广泛涵盖产品结构配置的结构相似性，以及部件与产品功能定位的功能相似性，这些多层次的相似性共同构成了大批量定制策略实施的基础与优势所在。

2. 重用性原理

在定制化产品和服务领域内，广泛存在着众多可灵活重组与重复利用的基本单元，这些单元涵盖了可循环利用的零部件及可重复实施的生产流程。通过巧妙运用标准化、模块化和系列化等先进策略，企业能够深入挖掘并高效利用这些资源，将原本复杂的定制产品生产挑战，通过产品的结构重组与生产过程优化，部分乃至完全转化为批量生产的优势模式。这一过程不仅显著降低了生产成本，还确保了产品的高品质与快速交付，最终实现了以经济高效的方式生产出满足个性化需求的定制产品。

3. 全局性原理

实施大批量定制策略，其成功不仅仅依赖于先进的制造技术与管理技术的融合应用，更深层次上，它触及并重塑了人们的思维模式与价值观念。在汲取精益生产、敏捷制造、现代集成制造及成组技术等领域的精髓思想之余，我们还需特别重视并采纳一系列核心思想与方法论，诸如定制点后移策略，这一方法强调将定制环节尽可能后置，以优化成本结构与生产效率；总成本思想，它要求全面审视并控制产品从设计到交付的全链条成本，实现经济效益最大化；以及产品全生命周期管理，该理念倡导贯穿产品整个生命周期的环保、高效与可持续发展策略。这些思想与方法共同构成了大批量定制战略实施的关键支撑体系。

（四）大批量定制的关键技术

实施大批量定制策略以追求综合经济效益，关键在于从多个维度综合应用定制化技术。首先是开发设计阶段，需融合大批量定制理念，涵盖产品开发设计技术与制造装配过程的优化，这一过程由“面向大批量定制的开发”与“面向大批量定制的设计”两大紧密关联的环节构成，共同推动定制化策略的深度融入。其次，在管理层面，面向大批量定制的管理技术体系至关重要，它涵盖了客户需求捕捉、定制化生产管理、企业内外协同、知识管理与企业文化建设等多个方面，这些技术相互支撑，在不同阶段与层次上助力企业高效实施大批量定制。最后，制造技术作为实现大批量定制的基石，需具备高度的物理与逻辑灵活性，能够灵活应对不同加工对象的需求，快速调整系统布局、控制结构、制造流程与生产规模，同时，产品设计与工艺设计的标准化、规范化与通用化也是不可或缺的一环，它们共同确保了制造过程能够高效利用标准制造方法与工具，从而以低成本、高质量的方式快速交付客户定制的产品。

二、精益生产

（一）精益生产的内涵与特征

1. 精益生产的基本概念

精益生产，这一现代生产管理理念，其核心精髓深植于四大基本原则之中：一是彻底消除浪费，追求资源的最大化利用，无论是物料、时间还是人力，均力求精简至最优状态；二是秉持完美质量与零缺陷的追求，将质量控制贯穿于生产全过程，确保每一件产品都符合最高标准；三是构建柔性生产系统，赋予生产线快速响应市场变化的能力，灵活调整生产流程以满足多样化的客户需求；四是持续改进，视创新为驱动力，不断优化生产流程、提升效率，形成持续改进的良性循环。

相较于传统的大量生产方式，精益生产实现了根本性的转变。大量生产模式虽通过严格的劳动分工和机器精度确保了产品质量与生产速度，却也带来了设备冗余、人员冗余、库存积压及资金占用高等问题，且其生产体系缺乏灵活性，难以适应快速变化的市场环境。精益生产则彻底摒弃了这些弊端，其核心理念在于“精”与“益”的完美结合：“精”意味着精准高效，避免任何不必要的资源投入，仅在市场需求最为迫切的时刻，精准产出适量产品；“益”则强调所有生产活动必须产生实际价值，任何不增值的环节均被视为浪费，应予以剔除。

因此，精益生产不仅仅是一种生产方式，更是一场深刻的生产系统、组织结构、运行机制及市场响应策略的全面变革。它要求企业重新审视并优化生产流程，确保每个环节都紧密围绕客户需求展开，通过减少浪费、提升效率、增强灵活性，实现产品从设计到交付的全生命周期内成本、质量、速度及环境影响的最佳平衡。在精益生产模式下，工人成为多面手，能够灵活应对不同岗位需求，岗位设置则以增值为核心导向，非增值岗位被有效整合或撤销，共同推动生产系统向更高效、更灵活、更可持续的方向迈进。

2. 精益生产的特征

精益生产作为一种高效、灵活的生产管理模式，其核心特征深刻体现了以用户需求为导向、人本管理、流程优化及持续改进的理念。首先，它坚持用户至上的原则，将用户视为企业生存与发展的基石，不仅致力于提供卓越的产品质量、合理的价格定位、迅速的交货速度及无微不至的服务体验，更深入洞察用户的真实需求与期望，确保产品紧贴市场脉搏，实现真正的适销对路。

其次，精益生产强调以人为核心，构建了一个以人为本的企业文化环境。通过培养员工的归属感与责任感，将个人目标与企业愿景紧密相连，同时赋予员工必要的决策权，鼓励自主解决问题，激发其创新潜能与学习热情，形成了一支既具协作精神又充满竞争活力的团队。这种文化氛围不仅提升了员工满意度与忠诚度，也为企业的持续创新与发展奠定了坚实的人才基础。

在流程优化方面，精益生产主张通过“精简”来消除浪费，实现高效运作。这包括简化组织架构，削减非增值环节与冗余人员；在生产现场引入先进的柔性制造系统，减少间接人力成本，确保每位员工都能直接贡献于产品价值的创造；同时，采用准时制生产（JIT）与看板管理等先进物流控制手段，实现物料流动的精准控制，大幅降低库存水平，甚至追求零库存的理想状态，从而显著提升资金周转率与运营效率。

此外，精益生产还倡导 Team Work 与并行设计的工作模式。Team Work 强调跨部门合作，组建由各领域专家构成的多功能团队，对产品开发至生产的全过程实施集成管理，确保各环节紧密衔接、高效协同。这种模式不仅缩短了产品上市周期，还增强了企业的市场响应速度与创新能力。而并行设计则进一步打破了传统串行设计的局限，允许设计、工艺、预算、采购等多个环节并行推进，实时调整优化方案，以适应市场变化与客户需求。

JIT 供货方式是精益生产供应链管理的精髓所在，它通过建立与供应商的长期合作伙伴关系，实现了供应链的紧密集成与高效协同，确保了物料供应的准时性与准确性，最大限度地减少了库存积压与在制品数量，降低了库存成本，提高了整体供应链的灵活性与竞争力。

最后，"零缺陷"作为精益生产的终极目标，虽然难以完全实现，但它激励着企业不断追求卓越、持续改进。这种永不满足的精神促使企业从产品设计、生产制造到售后服务等各个环节都力求完美，不断消除缺陷、提升品质，从而在激烈的市场竞争中保持领先地位，引领行业进步。

为进一步理解精益生产的本质特征，表 6－1 列出了精益生产与大量生产的比较结果。

表 6－1　精益生产与大量生产的比较结果

比较项目	大量生产	精益生产
追求目标	高效率、高质量、低成本	完善生产，消除一切浪费
工作方式	专业分工、专门化、互相封闭	责权利统一的工作小组，协同工作，团队精神
组织管理	宝塔式，组织机构庞大	权力下放，精简一切多余环节，扁平式组织结构
产品特征	标准化产品	面向用户的多样化产品
设计方式	串行模式	并行模式
生产特征	大批量，高效率	小批量，柔性化生产，生产周期短
供货方式	大库存缓冲	JIT 方式，接近零库存
质量保证	主要靠机床设备，检验部门事后把关，返修率高	依靠生产人员保证，追求"零缺陷"，返修率接近零
雇员关系	合同关系，短期行为	终身雇用，风雨同舟
用户关系	用户满意，主要靠产品质量、成本取胜	用户满意，需求驱动，主动销售
供应商	合同关系，短期行为	长期合作伙伴关系，利益共享，风险共担

（二）精益生产的体系结构

1. 准时制生产

准时制生产，这一源自物流管理的核心理念，强调的是一种高度精确与效率的生产与物料流动模式。其核心在于精准无误地将必需的零部件，按照严格限定的数量，在绝对恰当的时间点，直接送达生产线的指定位置。这一过程不仅要求数量的精确匹配，还强调时间的丝毫不差，确保生产线上每一刻都仅接收到生产当前步骤所严格需要的物料，既不多余也不短缺，从而实现生产流程的无缝衔接与资源的最优配置。简而言之，JIT 生产模式追求的是物料供应与生产需求的完美同步，通过减少库存积压、提升生产效率，最终达到降低成本、增强企业竞争力的目的。

（1）准时生产的管理方式

在制造系统中，物流的顺畅流动是确保生产效率与质量的关键。这一过程从原材料或毛坯开始，历经零件加工、组装直至最终总装，形成完整的产品。为实现这一目标，存在两种截然不同的生产组织与控制策略。

首先是推动式生产模式，它遵循正向物流逻辑，即生产计划由计划部门自上而下制定，详细规划每个零部件的需求量及各生产阶段的提前期。这些计划被逐层分解并下达至各车间和工序，驱动各工序按既定时间表开始生产，并将成品逐级推送至下一环节。然而，这种模式的弊端在于其刚性，一旦市场需求波动，调整所有工序的生产计划变得异常复杂，往往只能通过增加在制品库存来缓冲生产中的不确定性，导致生产系统灵活性不足，容易形成在制品积压，降低整体响应速度。

相比之下，拉动式生产模式则采取逆向物流视角，紧密围绕市场需求构建生产流程。它从总装线出发，逆向拉动上游工序的生产活动，每个工序仅在收到下游工序的需求信号时才开始生产或提供所需部件。这种模式下，生产计划更加灵活，能够快速响应市场变化，因为每个工序的生产直接由下游的实际需求驱动，有效避免了过量生产和库存积压。JIT 正是这一理念的典范实践，它强调仅在需要时生产所需数量的产品，通过最小化库存乃至实现零库存，彻底消除生产过程中的浪费，包括不必要的生产过剩、库存积压等，从而显著提升生产系统的效率与响应能力。

在 JIT 体系中，生产计划仅聚焦于最终工序，明确指示所需产品的种类、数量及时间。这一指令随后沿着生产链逆向传递，驱动每一道工序仅生产被下一工序实际领走的零部件。这种精准的信息传递机制确保了生产活动的同步与协调，实现了生产资源的最大化利用，同时赋予了生产系统高度的弹性和市场适应性。总之，拉动式生产模式与 JIT 理念的应用，是现代制造业追求高效、灵活与可持续发展的重要途径。

（2）准时生产管理方式的实现方法

JIT 的构造体系是一个综合而精细的管理框架，其核心在于通过一系列精心设计的策略与手段，实现生产过程中的高效、灵活与零浪费。JIT 的基本目标直指消除或显著降低各类非增值活动，如过量生产、库存积压、人力资源闲置等，以达到成本节约与响应速度的双赢。为实现这一目标，JIT 采用了多种实施手段与方法，其中最为关键的是适时适量生产、人力资源优化及全面质量管控。

在适时适量生产方面，JIT 强调均衡化与同步化生产的重要性。均衡化生产通过精心规划生产计划，控制产品投产顺序，减少生产批量的不均衡性，确保生产线每日能平稳生产多种产品。这一过程中，通过引入通用化工夹具、制定标准作业流程及操作规范，进一步增强了生产线的灵活性与效率。而生产过程同步化则力求实现工序间的无缝衔接，理想状态下，前道工序完成后立即转入下道工序，减少在制品库存至最低限度。为实现这一目标，企业需合理布局生产设备、缩短作业转换时间、设定合理的生产节拍，并采用后工序领取制，确保生产流程的顺畅与高效。

在人力资源优化方面，JIT 倡导最大限度地减少操作工人数量，同时提升工人的技能与灵活性。通过弹性作业制度，如 U 型生产线的联结与人员配置的动态调整，企业能够灵活应对生产需求的变化，实现一人多机、多种操作的高效模式。此外，培养多技能操作人员也是关键一环，通过职务定期轮换制度，不仅提升了工人的综合能力，还促进了知识与经验的广泛传播，为企业构建了一支高效、适应性强的工作团队。

全面及时的质量检测与控制则是保障 JIT 顺利实施的重要基石。JIT 强调在生产一线即时发现并处理问题，将质量隐患扼杀在摇篮之中。通过实施严格的质量检测流程与快速响应机制，生产操作人员被赋予了自主停线的权力，一旦发现产品或设备问题，可立即停止生产，避免缺陷产品的进一步流通，从而在保障产品质量的同时，也降低了后续处理成本，实现了质量与成本的双重优化。这一系列措施共同构成了 JIT 的完整构造体系，为企业追求高效、精益的生产模式提供了有力支撑。

2. 精益生产体系

精益生产的核心精髓聚焦于准时制生产方式，这一模式借助看板管理这一高效工具，精准地遏制了过量生产的现象，确保了“在恰当时机仅生产所需数量与种类的产品”。此举措不仅直接根除了生产过程中的直接浪费，还有效抑制了由此引发的间接浪费链，如库存积压、资金占用等，进而实现了生产流程的高度合理化、效率最大化与灵活性提升。JIT 不仅是一项单一的技术手段，而是一个集大成者，它构建了一个涵盖经营理念革新、生产组织优化、物流精准控制、质量严格管理、成本控制精细化、库存动态平衡及现场作业标准化等全方位的生产管理技术与方法体系，为企业提供了一套全面升级生产管理效能的解决方案。

精益生产作为现代制造业的先进生产模式，是在综合准时制生产（JIT）、成组技术（GT）及全面质量管理（TQC）等理念的基础上不断演化与完善的产物。它构建了一个以精益生产（LP）为核心，辅以 JIT、连续流生产、全面质量管理为坚实支柱，并以并行工程与小组化工作方式为坚实基础的全面管理体系（图6－1）。这一体系紧密围绕社会需求展开，秉承以人为本的原则，通过简化流程、依托先进技术的策略，不断追求卓越，力求“尽善尽美”。其核心在于彻底消除任何不增值的活动与资源浪费，从系统整体优化的视角出发，高效整合企业各项功能，确保以最少的资源消耗、最低的成本投入，向客户提供卓越品质的产品与服务，从而在激烈的市场竞争中，为企业赢得最大化的利润与最强大的应变能力。

三、敏捷制造

（一）敏捷制造的含义

敏捷制造，作为一种前沿的生产与管理模式，其核心支撑在于构建富有创新精神的组织架构与管理体系、融合尖端制造技术及汇聚技术与知识兼备的管理精英。这一模式通过构建共通的基础架构，赋予企业超乎寻常的敏捷性，使其能够迅速捕捉并响

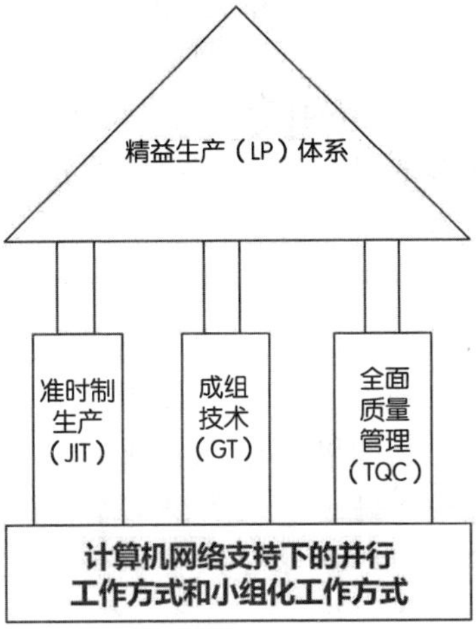

图 6－1　精益生产的体系结构

应瞬息万变的市场需求与动态，相较于传统制造方式展现出更为敏锐与高效的反应能力。

敏捷制造的核心哲学在于“竞争－合作（协同）”，这一理念深刻重塑了企业的竞争策略，强调在竞争激烈的全球市场中，通过跨组织边界的紧密合作与资源共享，共同提升整体竞争力。它倡导企业运用现代通信技术作为桥梁，实现新产品开发的敏捷动态优化，迅速集结动态联盟中的优势资源——包括先进的柔性生产技术和高素质人才，以集成化的方式快速响应客户的个性化需求，加速产品从设计到市场的全周期流转，从而在时间窗口内抢占先机，赢得市场竞争的优势地位。

从市场视角来看，敏捷制造紧盯快速变化的市场需求与用户偏好，针对产品市场日益显著的多样化和个性化趋势，强调企业在决策前需深入洞察用户身份与需求本质，评估快速响应的市场价值，确保每一份投入都能精准对接市场需求，快速推出高质量的新产品，满足用户的独特期望。

在企业能力层面，敏捷性成为生存与发展的关键。这意味着企业必须具备快速适应环境变化、捕捉市场机遇、应对挑战并引领创新的能力。通过持续的技术革新，敏捷企业能够在保证产品质量与成本效益的同时，以超乎寻常的速度灵活调整生产策略，精准对接市场与用户需求，从而在竞争中脱颖而出。

而“竞争－合作（协同）”理念则进一步丰富了敏捷制造的内涵。它鼓励企业在寻求竞争优势的过程中，采取灵活多变的动态联盟策略，跨越组织界限，从内部各部门及外部合作伙伴中优选设计、制造等关键环节的优势资源，构建一个高效协同的经营实体。在这一过程中，企业需审慎考虑合作伙伴的选择标准、数量、合作模式，以及数据共享与持续改进的意愿，确保合作关系的稳固与共赢，共同推动敏捷制造目标的实现。

（二）敏捷制造的组成

敏捷制造主要由基础结构和虚拟企业两个部分组成。基础结构为虚拟企业提供环境和条件，虚拟企业来实现对市场不可预期变化的响应。

1. 基础结构

敏捷制造的成功实施依托于坚实的四大基础结构：物理、法律、社会及信息基础结构，它们共同构成了支撑敏捷制造体系的基石。物理基础结构涵盖了虚拟企业运作不可或缺的厂房、设备、资源等物理条件，这些不仅限于单一企业内部，而是跨越至国家乃至全球范围，以便在机遇来临时，企业能迅速整合外部资源，专注于核心竞争力的开发，实现敏捷响应。

法律基础结构，或称规则基础结构，是确保虚拟企业合法运作的关键，涉及国家层面的法律、合同及政策框架。它明确了虚拟企业的法律地位、交易规则、利益分配机制、资本流动与获取途径、税务处理、破产清算责任、产品质量追溯及人员流动管理等关键事项，为这一新兴企业形态提供了法律保障，同时也为法律界带来了诸多新的研究议题。

社会基础结构则为虚拟企业的持续发展与人员流动提供了必要的外部支持环境。随着虚拟企业频繁的解散与重组，人员的职业发展与流动成为常态，这要求社会能提供高效的职业培训与职业介绍服务，促进人力资源的合理配置与技能提升。

信息基础结构则是敏捷制造的信息中枢，它包括各类服务网点、中介机构及一切促进虚拟企业高效运作的信息技术手段。在信息集成的基础上，参与敏捷制造的企业无论身处何地，都能通过 Internet 或 Intranet 实现内部局域网络的互联互通，促进信息共享与合作竞争，共同构建灵活、响应迅速的敏捷制造生态系统。

2. 虚拟企业

虚拟企业，亦称动态联盟，是一种围绕产品全生命周期管理而构建的动态性组织结构与跨企业协作模式。它依托于先进的电子信息技术，构建起一个灵活且竞争合作的框架，有效整合散布于全球各地的不同企业的人力资源与物质资源，以迅速捕捉并响应市场的新兴需求。虚拟企业的存续直接关联于市场机遇的存在与否，一旦市场机会涌现，它便迅速集结成形；而当机遇消逝，则自然解散，展现出高度的灵活性与适应性。

在虚拟制造这一开放环境中，各参与企业通过网络平台提供标准化、模块化和高度柔性的设计与制造服务，这些服务需经过严格认证方可接入网络，确保了服务的质量与互操作性。值得注意的是，虚拟制造环境鼓励竞争与合作并存，允许多家企业提供相似服务，系统则基于最优化原则，在充分竞争的基础上择优选择合作伙伴，促进了服务质量的持续提升与资源的最优配置。

敏捷制造作为这一模式的核心策略，强调在网络化的生产生态中，单个企业往往难以独自满足市场的多元化需求，因此必须采取合作竞争的方式，各展所长，协同解决复杂问题。通过敏捷制造，企业能够跨越规模界限，灵活链接各类生产资源，依据市场需求的实时变化与虚拟制造环境中企业的实际能力，快速组建面向特定任务的虚拟企业，实现资源的高效整合与利用，共同响应市场挑战，赢得竞争优势。

（三）敏捷制造关键因素

敏捷制造的目的可概括为将柔性生产技术，有技术、有知识的劳动力与能够促进企业内部和企业之间合作的灵活管理集成在一起，通过所建立的共同基础结构，对迅速改变的市场需求做出快速响应。由此可见，敏捷制造主要包括三个要素：生产技术、管理技术和人力资源。

1. 敏捷制造的生产技术

敏捷性是通过将技术、管理和人员三种资源集成为一个协调的、相互关联的系统来实现的。首先，具有高度柔性的生产设备是创建敏捷制造企业的必要条件（但不是充分条件）。所必需的生产技术在设备上的具体体现是：由可改变结构、可测量的模块化制造单元构成的可编程的柔性机床组；智能制造过程控制装置；用传感器、采样器、分析仪与智能诊断软件相配合，对制造过程进行闭环监视等。其次，在产品开发和制造过程中，能运用计算机能力和制造过程的知识基础，用数字计算方法设计复杂产品；可靠地模拟产品的特性和状态，精确地模拟产品制造过程。各项工作是同时进行的，而不是按顺序进行的。同时，开发新产品，编制生产工艺规程，进行产品销售。设计工作不仅仅属于工程领域，也不只是工程与制造的结合。从用材料制造成品到产品最终报废的整个产品生命周期内，每一个阶段的代表都要参加产品设计。技术在缩短新产品的开发与生产周期上可充分发挥作用。再次，敏捷制造企业是一种高度集成的组织。信息在制造、工程、市场研究、采购、财务、仓储、销售、研究等部门之间连续地流动，而且还要在敏捷制造企业与其供应厂家之间连续流动。在敏捷制造系统中，用户和供应厂家在产品设计和开发中都应起到积极作用。每一个产品都可能要使用具有高度交互性的网络。同一家公司的、在实际上分散、在组织上分离的人员可以彼此合作，并且可以与其他公司的人员合作。最后，把企业中分散的各个部门集中在一起，靠的是严密的通用数据交换标准、坚固的组件（许多人能够同时使用同一文件的软件）、宽带通信通道（传递需要交换的大量信息）。

2. 敏捷制造的管理技术

敏捷制造在管理上提出的创新思想之一就是虚拟企业的概念。它强调了速度对于新产品上市的重要性，认为这是当前最为关键的竞争优势。实现这一目标的最佳途径之一便是组建由不同公司资源构成的临时性经营实体——虚拟企业。这类企业在电子化的连接下协同工作，专注于执行特定任务。虚拟企业如同针对特定项目的实体企业，其存在依赖于市场机会的存在，一旦完成任务或市场机会消失，企业即随之解体。

某些企业倾向于认为独立生产优于合作，但这一观点需要改变。首要任务应是消除与合作伙伴之间的组织障碍，而非将其视为最后任务。同时，我们还需应对合作引发的知识产权问题，开发出有效管理企业、激发员工积极性的技术，并探索建立和管理项目组的方法，以及制定评估项目组绩效的标准，这些都是复杂且挑战性的任务。

此外，敏捷制造企业必须具备组织上的灵活性，以适应不断变化的市场竞争环境。随着全球化和技术的迅速发展，先进的工业产品和服务面临着激烈竞争，且需在世界市场上迅速响应并参与竞争。产品从设计到分配、服务都将依托于全球范围内的资源（包括企业、人才、设备和材料）进行。制造企业越来越需要灵活地满足各地的客观需求，这些需求涵盖了社会、政治、经济价值，以及对环境安全、能源供应能力的关注。

在这样的环境下，传统意义上的纵向集成已不再适用，“闭门造车”的策略注定失败。企业需要采用高度灵活、动态的组织结构。面对不同的工作任务，企业可以采取多种灵活的组织形式，如内部多功能团队，邀请供应商和用户参与；与外部企业合作；或者组建虚拟企业。通过高效运用这些手段，企业能够最大化利用其资源，避免重复劳动，从而提高效率和竞争力。

3. 敏捷制造的人力资源

敏捷制造在人力资源管理的核心理念是，人在快速变化的市场环境中起着至关重要的作用。灵活性生产技术与柔性管理的结合旨在激发员工的创新能力和提出合理的改进意见，而不拘泥于固定的原则，而是着重于提供必要的物质与组织资源，以支持员工的创造性与主动性。

在敏捷制造模式下，产品的持续创新与优化被视为企业核心竞争力的关键所在。这意味着，通过最大程度地发挥员工的主动性和创新能力，企业能够持续适应市场变化，赢得竞争优势。员工，特别是具备专业知识的人员，成为企业最宝贵的资产。因此，持续投资于员工培训与素质提升，成为管理层的重要职责。员工掌握新信息、对信息提出富有创意的回应能力越强，企业所能获得的成功也就越大。无论是管理层还是生产线上的技术专家，乃至科研机构的科学家和工程师，他们的参与和贡献都是推动企业前进的决定性因素。

在制造过程中，工程专家的协作被视为一种关键资源，特别是在产品研究与开发的不同阶段，他们的智慧和专业知识对于优化工艺流程、提升产品质量至关重要。这意味着，敏捷制造企业不仅需要重视技术创新，更应鼓励跨部门间的沟通与合作，促进知识共享与技能互补。

每一成员都应理解，柔性不仅仅是技术层面的概念，更是企业文化的一部分。它意味着，企业可以通过员工的想象力、创造力和技能，灵活地调整以适应各种市场需求，而不再受限于固定生产设备的约束。相对于传统大量生产模式下的专用生产线，敏捷制造企业的灵活性在于其高度可塑性和动态性，这为企业带来了巨大的变革潜力和适应市场变化的能力。

在管理与员工的关系方面，建立一种信任与合作关系是极其重要的。管理者与员工之间的对立或不信任会严重阻碍信息流通，限制员工的参与度与积极性。在敏捷制造企业中，信息透明化、管理者与员工之间的相互尊重与信任成了构建高效工作环境的基础。为了吸引并保持在各层级都能进行脑力创新活动的员工，企业的工作场所需要创造出一种既能激发员工创造力又能提供必要支持的环境，确保每一位员工都能感受到自己的价值和潜能被认可与利用。

（四）实施敏捷制造的技术

产品设计和企业并行工程是将客户需求融入产品设计阶段，综合考虑产品质量、成本、性能及其他生命周期中的关键因素，如产品的可制造性、可装配性、可靠性和可维护性，以此推动整个企业协同工作，提高产品开发效率和质量。

虚拟制造则通过在计算机上模拟整个制造过程，提供强大的建模和仿真工具，包括产品设计和性能仿真、工艺设计和加工仿真、装配设计和装配仿真等，以及考虑影响企业运营的多种因素。这一技术能为制订制造计划、优化制造流程、支持高层决策或重构虚拟企业提供参考，同时显著降低实体原型的高昂成本，避免错误，确保产品一次性顺利投产。

制造计划与控制是一个集成的计划环境，从宏观（高层战略计划）到微观（精细生产系统，包括制造路径、数据和支撑制造操作的信息），整合了先进的技术、与CAD数据库的有效对接和具备知识处理能力的决策支持系统，以实现高效的生产和资源配置。

智能闭环加工则是利用高级控制系统和计算机技术改进车间控制，通过实时监测和调节关键参数，确保产品质量。基于微处理器的、开放架构的控制器投资小、效益高，是提高生产效率和质量的关键。

企业集成是开发和普及各种集成方法，构建适应快速变化市场的虚拟、分布式敏捷企业，通过建立如制造资源信息网络这样的信息基础设施，让不同地理位置的设计和制造团队能够高效合作，并根据市场需求动态重组企业结构。通过这些策略，企业可以更好地应对市场的挑战和机遇，实现高效运作和创新。

第三节　智能制造技术体系

一、智能制造的基本概念

“智能制造”的概念可以从制造与智能两个维度来理解。制造涵盖了对原材料进行加工或再加工，以及零部件组装等生产环节，而智能则包含了智慧与能力两个层面。智慧涉及从感觉、记忆到思考的过程，最终产生行为与语言，而能力指的是通过行为与语言的表达展现出来的一种实践力。综上所述，“智能”指的是智慧与能力的结合。

智能制造是一种融合机器智能于制造全过程中，以实现企业特定目标的创新模式。在这个体系中，机器智能包含了计算、感知、识别、存储、记忆、呈现、仿真、学习与推理等多元能力，不仅囊括了传统的智能技术，也涵盖了现代的人工智能技术，尤其是基于大数据的深度学习技术。尽管这些智能特性是由人类设计与开发的，但它们的执行效能往往远超人类的能力边界。

智能制造系统是将机器智能融入包含了人与资源在内的整体系统中，以实现对需求和制造环境的动态适应，从而达到优化目标。这种系统需要具备自我感知、学习、分析、决策、通信与协调控制等核心能力，以适应不断变化的环境，比如即时应对温度波动、刀具损耗或市场波动等。智能制造系统的规模和形态多样，从单一的加工单元或生产线、到涵盖整个车间乃至整个企业乃至跨企业供应链的生态系统。

智能制造的动态适应性要求其能够在环境发生改变时做出即时响应，比如调整生产速度以应对需求波动，或者优化资源分配以提升效率与降低成本。而优化目标通常与企业运营的核心价值密切相关，包括但不限于提高生产效率、降低运营成本、节能减排等。通过智能化手段，企业可以在保持高质量产出的同时，持续优化自身的运营效率与环境友好度。

二、智能制造的主要内容和目标

智能制造是“中国制造2025”战略的核心与关键领域，对于推动中国制造业向高端化、智能化转型至关重要，其成功与否直接关联着中国能否在国际制造业竞争中占据优势，成为全球领先的制造强国。作为这一战略的核心内容，“中国制造2025”以激发制造业创新能力为驱动，以提高产品质量和效率为焦点，通过深化新一代信息技术与传统制造业的深度融合，尤其是以智能制造为主要突破方向，旨在提升中国制造业的整体技术水平。该战略聚焦于解决关键技术和装备问题，强化工业基础能力建设，促进产业链上下游协同创新，构建多层次、多样化的高技能人才体系，最终实现从制造大国向制造强国的战略性转变。这一进程将全面推动制造业的智能化、数字化改造，提升生产效率、优化资源配置、增强产品的竞争力，并促进绿色可持续发展，确保中国制造业在全球经济版图中的领先地位。

（一）“中国制造2025”的五项重大工程

制造业是国家经济发展的基石，是科技革新的前沿阵地，也是国家实力的重要体现。面对全球制造业格局及我国经济环境的深刻变革，我们需把握历史性的战略机遇期，着重推动创新驱动发展，改善政策措施，利用制度优势，以实现从依赖制造数量到注重制造质量、从制造产品到塑造品牌的根本转变。具体而言，就是要推动中国制造向中国创造跃升，让“速度”转化为“质量”，从打造“产品”迈向培育“品牌”。这一系列变革旨在全面提升制造业的科技含量、创新能力、产品质量和国际竞争力，助力国家实现制造业的现代化、高质量发展，奠定成为全球制造业引领者的基础。

围绕实现制造强国的战略目标，“中国制造2025”明确了五项重大工程（表6－2）。

表6－2 “中国制造2025”五项重大工程

工程	具体内容
智能制造工程	开展信息技术与制造装备融合的集成创新和工程应用，开发智能产品和自主可控的智能装置并实现产业化； 建设重点领域智能工厂/数字化车间； 开展智能制造试点示范及应用推广； 建立智能制造标准体系和信息安全保障； 搭建智能制造网络系统平台
工业强基工程	支持核心基础零部件（元器件）、先进基础工艺、关键基础材料的首批次或跨领域应用； 突破关键基础材料、核心技术零部件工程化、产业化瓶颈； 完善重点产业基础体系
绿色制造工程	逐步实施传统制造业能效提升、清洁生产、节水治污、循环利用等专项技术改进； 开展重大节能环保、资源综合利用、再制造、低碳技术产业化示范； 实施重点区域、流域、行业清洁生产水平提升计划； 开展绿色评价

续表

工程	具体内容
高端装备创新工程	实施一批创新和产业化专项、重大工程； 开发一批标志性、带动性强的重点产品和重大装备
制造业创新中心建设工程	形成一批制造业创新中心； 重点开展行业基础和共性关键技术研发、成果产业化、人才培训等工作

由表6－2可知，智能制造工程是“中国制造2025”五项重大工程其中的一项，并包含大量的内容，可见智能制造的重要性和必要性。

（二）智能制造的主要目标

智能制造依托于数字化、系统集成、先进技术和工业软件的深度融合，不断探索并实施一系列崭新的智能制造模式。其核心目标包括：

1. 自动化替代人工

借助机器智能，将原本依赖人力的操作实现自动化，减少对人类脑力劳动的依赖，使生产线更加高效、稳定。

2. 技能转移与自主生产

在制造流程中，通过智能系统替代人工技能，不仅减少了对人工手工艺的依赖，还能在保持自动化生产的同时，减少人为干预，使系统能够独立执行生产任务，提高生产效率和一致性。

3. 个性化与灵活性

精准响应市场与客户需求，通过智能制造技术，企业能够快速响应多变的市场需求，提供定制化产品，增强市场竞争力。同时，这种技术能够支持小批量、多品种的生产模式，灵活调整生产计划，满足客户的个性化需求。

4. 高精度制造

对于复杂且质量要求极高的零件，传统制造方法往往难以控制加工过程中的变形和保证质量的一致性。智能制造通过实时监测加工过程，动态调整参数，实现对加工过程的精准控制，有效提高零件的加工质量和性能。

5. 增值与服务扩展

利用智能制造技术，企业不仅可以提升产品的制造效率和质量，还能够在产品全生命周期内通过智能化设计、个性化定制、在线监测、远程服务等方式，创造新的价值点，延长产品价值链，增加附加值。

综上所述，智能制造不仅是提高生产效率和产品质量的关键，也是推动企业创新、适应市场变化、提升竞争力和创造新价值的重要途径。

三、智能制造与传统制造的异同

智能制造是一种将智能机器与人类专家有机结合的先进制造模式，它以人机一体化的协作机制，扩展、延伸甚至部分替代人类专家在制造过程中的脑力劳动，显著提升了制造系统的智能化水平和自动化程度。与传统制造相比，智能制造在产品的设计、加工、制造管理及产品服务等方面展现了显著的不同（表6－3）。

表6－3　智能制造与传统制造的异同

分类	传统制造	智能制造	智能制造的影响
设计	常规产品； 面向功能需求设计； 新产品周期长	虚实结合的个性化设计，个性化产品； 面向客户需求设计； 数值化设计，周期短，可实时设计手段的改变	设计理念与使用价值观的改变； 设计方式的改变； 设计手段的改变； 产品功能的改变
加工	加工过程按计划进行半智能化加工与人工检测生产高度集中组织人机分离； 减材加工成型方式	加工过程柔性化，可实时调整全过程智能化加工与在线实时生产组织方式个性化网络化过程实时跟踪网络化人机交互与智能控制减材、增材多种加工成型方式	劳动对象变化； 生产方式的改变； 生产组织方式的改变； 生产质量监控方式的改变加工方法多样化； 新材料、新工艺不断出现
管理	人工管理为主； 企业内管理	计算机信息管理技术机器与人交互指令管理延伸到上下游企业	管理对象变化管理方式变化管理手段变化管理范围扩大
服务	产品本身	产品全生命周期	服务对象范围扩大服务方式变化服务责任增大

四、智能制造技术体系构成

（一）制造智能

智能制造聚焦于制造活动中蕴含的知识应用、知识发掘与推理机制、智能体系架构及其演进能力，构建了一种基于先进科技的新型制造模式。该领域的主要技术包括感知与测控网络技术、知识工程技术、计算智能技术、感知－行为智能技术及人机交互技术。智能传感器、智能仪器仪表与测控网络构成智能制造的基础设施，而知识则是其核心驱动力，是系统智慧的源泉。推理能力作为灵魂，直接体现了系统的智能水平，驱动着整个制造过程的优化与创新。通过上述技术的综合运用，智能制造不仅提高了生产效率与产品质量，还推动了从传统制造向高效、灵活、智能化生产的转变，为制造业的未来提供了广阔的发展前景。

（二）智能制造装备

智能制造装备是将先进的制造技术、数控技术、现代传感技术与智能技术紧密结合的产物，它是下一代高效、高品质、环保节能和安全可靠的制造装备。这类装备的关键技术特性体现在：它能够实时感知、处理和分析自身的工作状态及环境信息；具有在装备工作状态变化时进行自主规划、控制和决策的能力；拥有故障自动诊断与修复的功能；并能参与网络集成与协同工作。

在智能制造装备技术的研发方向上，我们需着重发展高档数控机床与基础制造装备、自动化成套生产线、智能控制系统、精密和智能仪器仪表与实验设备、关键基础零部件/元器件及通用部件、智能专用装备，以实现生产过程的自动化、智能化、精密化和绿色化，进而促进整个工业领域的技术升级。其中，智能机床被视为最重要的智能制造装备之一，具备适应环境变化的感知能力与智能编程功能，同时，提供用户友好的人机交互方式、支持网络集成与协同操作，将是未来二十年高端数控机床发展的重要趋势。

（三）智能制造系统

如前所述，智能制造系统是一种融合了智能机器与人类专家智慧的人机协同系统，旨在逐步过渡到以机器为主体的自主运行模式。实现这一转型目标需要攻克一系列核心技术难题，其中包括制造系统的建模与自组织技术、智能制造执行系统技术、智能企业管控技术、智能供应链管理技术及智能控制技术等。通过不断推进这些关键技术的研发与应用，智能制造系统有望进一步优化人机协作效率，增强系统的自我管理和决策能力，从而实现从依赖人工决策的传统系统向高度自主、高效的智能制造系统的跨越。

（四）智能制造服务

当前，制造业正在加速从传统的生产型制造向更加注重服务价值的服务型制造模式转型。这一转型不仅涉及产品和服务的提供方式，更重要的是强调了制造过程与服务体系的深度整合。制造服务主要包括产品服务和生产服务两大部分。

在服务型制造中，智能制造服务的核心特性包括知识性、系统性和集成性。这种服务模式特别注重人本理念的应用，致力于为客户提供主动、实时、全球化覆盖的服务体验。通过引入智能技术，服务状态监测、环境感知能力得到显著增强，同时在服务规划、决策和控制层面实现了智能化升级，这不仅提升了服务的整体质量，也丰富了服务的内容和形式。因此，服务型制造不仅是对传统制造业的一次深刻革新，更是推动制造业高质量发展、构建现代化产业体系的重要途径。

五、智能制造技术的支撑技术

智能制造技术，作为面向二十一世纪的关键制造技术，其核心基于知识信息处理，旨在通过计算机模拟制造业专家的智能活动，以优化或替代人力的部分脑力工作。这一领域的发展离不开以下几大关键技术的支持：

首先，人工智能（AI）技术是智能制造的基础。通过 AI 技术，计算机能够模拟并执行人类专家的智能决策过程，例如分析、推理、学习和解决问题，从而在制造过程中实现自动化和智能化，减轻或替代人工劳动。AI 技术涵盖了诸如机器学习、深度学习、自然语言处理和认知计算等高级领域，这些都有助于提升制造过程的效率和精度。

其次，并行工程。这是一种全面集成的产品设计和相关过程优化方法，强调跨学科团队合作、早期考虑到下游生产环节的需求。通过并行工程，产品设计阶段即开始考虑制造可行性、组装兼容性及质量控制因素，从而实现产品开发周期的缩短，提高产品质量和降低成本，进而增强企业的市场竞争力。

再次，虚拟制造技术是一个重要的辅助手段。它利用计算机辅助设计、仿真、模型建立和虚拟现实等技术，提供一个三维可视化的工作环境，可以预览和模拟产品的整个生命周期，从概念设计到实际生产。这种方法有助于提前评估产品的性能、可制造性和可装配性，减少物理原型的制作成本，提高设计迭代的效率。

最后，计算机网络与数据库技术是实现智能制造系统内部集成的关键。它们负责收集、存储、管理和检索制造系统中的各类数据，通过优化数据结构和存储策略，确保数据的高效访问和合理使用，为不同应用提供支持，并促进信息在各子系统间的无缝流通，实现制造流程的智能管理和优化。

综上所述，智能制造技术通过结合人工智能、并行工程、虚拟制造和计算机网络与数据库技术，旨在构建一个高度自动化、智能化和集成化的生产系统，提升制造效率，降低生产成本，增强企业市场竞争力，推动制造业的持续创新和发展。

六、智能制造赋能技术

智能制造技术，作为第四次工业革命的核心，通过整合数字化、网络化和智能化技术，与各行业、各类制造技术深度融合，显著提升了制造企业的生产效率与创新能力。这些技术不仅为制造业提供了强大的赋能，更是推动了产业转型与升级的关键驱动力。

在智能制造的发展脉络中，数字化、网络化、智能化三个阶段各有侧重，互为依存又相互促进，共同构成了智能制造技术体系的基石。

首先，数字化技术作为赋能的基石，实现了物理世界信息的全面数字化描述，将感知、通信、计算与控制等过程全面覆盖，为后续技术发展奠定了基础。网络化技术则在此基础上，通过大规模互联网的普及与应用，极大扩展了信息的传递范围与深度集成能力，促进了信息资源在不同领域的高效流动与共享。智能化技术，则在此基础上引入数据驱动的精准建模、自主学习与人机协作，以新一代人工智能为代表，实现了对复杂系统建模与优化的全新可能，为制造业带来了深刻变革。

值得注意的是，这三个层次的技术并非孤立发展，而是相互依赖、相辅相成的有机整体。网络化技术的构建需以数字化为基础，而智能化技术的实现则需要依托数字化与网络化技术的发展。反之，尽管这三种技术仍在持续迭代与革新，但只有进化到智能化阶段，才能实质性解决智能决策问题。因此，网络化与智能化技术可视为数字化技术发展的更高级形态。

数字化、网络化、智能化技术的发展不仅促进了经济形态的创新与变革，催生了以数据为关键要素的数字经济，加速了“互联网＋”的融合趋势，还进一步引发了社会经济各领域的深层次智能化变革，推动生产、生活与社会治理模式的全面跃迁，构建智能社会的新格局。

在智能制造的不同发展阶段，数字化、网络化、智能化技术的赋能作用也有所差异：数字化制造阶段以数字化技术为主导，数字化网络化制造阶段两者协同发力，而到了数字化网络化智能化制造阶段，则要求三者共同作用。这一阶段标志着新一代人工智能技术与先进制造技术的深度融合，正引领着科技与产业革命，重塑经济与社会的面貌，释放出前所未有的生产力潜力，开启真正意义上的第四次工业革命进程。

第四节　智能加工与智能工厂

一、智能加工与控制

（一）智能加工

1. 智能加工的技术内涵

智能加工，作为一种前沿的加工方式，紧密依托于数字制造技术，通过建模仿真技术对产品的加工过程进行前瞻预测。此过程不仅预估可能出现的各种加工状况及其预期效果，还能借助先进的仪器装备实施对加工流程的实时监测与精确控制。在实践中，智能加工融合了理论知识与丰富的实践经验，运用计算机技术来模拟并重现制造专家在分析、判断、推理、构思及决策等方面的智能行为，以优化加工参数，动态调整自身工作状态，显著提升了生产系统的灵活性与响应速度，最终达到理想的加工性能和最高的产出效益。

智能加工本质上是基于知识处理的体系，它综合运用智能优化与智能数控加工手段，旨在通过智能化机器在加工过程中的自动检测与控制，实现对产品加工的精准决策。这种技术特别擅长处理那些传统加工中需要人为干预的不确定性问题，比如处理加工中出现的突发状况或难以预测的工艺参数变化。通过搜集、存储、完善、共享、继承、发展、扩增、延伸加工信息，乃至替代人类在加工过程中的智力活动，智能加工实现了对传统加工模式的革新与优化，极大地提升了加工效率与产品质量，引领了现代制造业向更高层次的发展。

2. 智能加工的基本特征

智能加工技术在现代制造领域发挥着关键作用，其基本特征主要体现在以下几个方面：

决策部分代替人类：在处理复杂且难以精确量化的加工信息时，智能加工系统能够运用专家系统进行决策，自动规划加工流程、选择适宜的加工方案和设定初始切削参数。在遇到加工过程中出现的现象或问题时，系统能够独立决策并解决问题，从而自动化地完成以往需人工参与决策的环节。

整合 AI 与计算智能：通过将加工信息转化为计算机能处理的数值和符号，智能加工系统利用计算智能对加工信息进行定量分析，对于那些难以量化的信息，则采用符号推理技术进行定性分析，对于那些无法形式化的定性分析问题，专家系统成了解决方案的重要工具。

多元信息感知与融合：智能加工系统依赖于分布广泛的传感器实时监控加工过程中的关键状态，如振动、切削温度、刀具磨损等。这些信息作为决策分析的基础，确保了系统能够及时获取并利用最新的加工状态数据。

自适应能力：基于传感器反馈的加工状态和数据库支持，智能加工系统能够自主调整切削参数，优化加工过程，实现最有效的控制。这种动态调整能力使得系统能够在不同条件下保持高效运行。

加工经验的传承与扩展：智能加工技术不是孤立的，它建立在对现有加工知识和经验的存储、积累和深化基础上，使得加工过程得以扩展和延续。通过这种方式，系统不仅保留了传统工艺的精华，还不断引入创新，提高了加工效率和质量。

综上所述，智能加工技术通过上述特征，不仅提高了加工的自动化程度，同时也提升了加工过程的智能性和有效性，为制造业的转型升级提供了强有力的支持。

3. 智能加工技术系统的基本构成

智能加工技术是一个融合了多个学科领域知识的综合性技术体系，其设计与实施涵盖了材料科学、信息科学、智能理论、机械加工学、机械动力学、自动控制理论和网络技术等多个学术领域，旨在通过智能化手段提高加工过程的精度、效率及产品的质量。智能加工技术系统的构建一般遵循以下四大模块化设计原则：

（1）建模仿真模块

在这个模块中，我们通过数学建模和计算机仿真技术，对复杂的加工过程进行模拟和预测。这一过程综合考虑了工件的特性、刀具的状态、机床的工作条件、加工参数和工艺流程等因素，能够对加工过程进行优化，提前筛选出最佳的加工参数组合，并生成相应的控制指令，为实际加工提供指导。

（2）过程监测模块

依赖于遍布加工区域的传感器网络，该模块实时收集并分析加工过程中的关键参数，如切削力、加工温度、刀具磨损情况、振动态、主轴扭矩等指标。这些数据不仅用于实时监控加工状态，确保过程稳定可控，还能为故障预警、维护计划提供依据。

（3）智能推理决策模块

结合知识库检索技术和专家系统，此模块具备一定程度的人工智能决策能力。根据预设的控制模型和规则库，它能自主分析当前加工环境和需求，决策合适的工艺路径、加工方案及切削参数，部分替代人类的决策过程，提高系统应对复杂情况的能力。

（4）最优过程控制模块

基于实时反馈的加工状态信息，该模块能够快速响应并调整切削参数，以应对材料的变化、工具的磨损或异常情况，最大程度减少加工误差，提升产品一致性，同时，通过动态补偿机制，有效纠正加工过程中可能出现的偏差，确保加工精度和产品质量始终处于最佳水平。

综上所述，智能加工技术通过这四大模块的协同工作，实现了加工过程的高度自动化、智能化，显著提升了生产效率和产品质量，为企业带来了显著的竞争优势。

4. 我国智能加工尚待解决的关键技术

在中国，智能加工技术的研究工作虽已取得一定成果，但仍面临一系列挑战和待解的问题，尤其在与国家重大科技专项“高档数控机床与基础装备”的适应性方面存在不足。以下是当前智能加工领域需重点解决的科学问题和技术关键：

智能加工基础平台建设：在“高档数控机床与基础装备”专项的推动下，我国高档机床装备领域得到显著提升，但在基于数控刀具的智能加工国家平台建设方面仍显滞后，智能加工基础共性技术研发未能充分跟进，这对重大科技专项成果的实际应用构成了制约。

基于知识的数控刀具加工建模与仿真技术：建立全面的数控加工过程建模和仿真技术，包括对刀具、夹具等关键组件及工艺过程的精细建模与仿真，对于优化切深、进给速率等参数至关重要，能有效提升加工效率和经济效益，同时也是智能加工与高档机床间信息通道的关键。

在线监测与误差补偿技术：采用多种传感器与远程监控技术，实时监测数控加工过程中的振动、温度、刀具磨损等参数，并根据系统控制模型实时调整加工参数，实现对误差的实时补偿，以保证加工精度和稳定性。

智能加工策略与数控系统的融合技术：实现智能数控系统的关键在于构建有效的智能加工策略，并将其与数控系统深度整合，使系统能够在确保精度和生产率的同时，具备更高的灵活性，动态调整控制策略以达到成本、效率与质量的最优组合。

智能化组成单元技术：在加工系统中，刀柄、夹具、夹头和刀具等组成部件的智能化是实现高效、精密、优质加工的基础，这些部件的智能化程度直接关系到智能加工系统的整体性能和应用效果。

机床高度集成化、智能化技术：智能加工机床作为智能加工系统的核心，其自动化水平决定了整个系统的效能。实现机床在控制技巧、分层信息处理等方面的高超技能，以及解决“智能化孤岛”问题，对于提升整体加工效率和质量具有重要意义。

表面质量智能检测与最优控制技术：获得高质量表面完整性（包括表面形貌、结构、应力分布、冷作硬化程度和纹理特征）是智能加工追求的目标。研究并建立数学－力学模型，实现数控加工表面质量的智能监测与质量评判，适时调整加工参数，以发挥高端数控机床及加工系统最大效能，为实现高品质、高效率、精确控制的智能加工提供技术支持。

解决这些问题和突破关键技术，将有力推动我国智能加工技术的发展，促进制造业的转型升级，增强我国在国际制造业竞争中的核心竞争力。

5. 加快发展我国智能加工技术研究与应用的建议

自 21 世纪初以来，我国智能制造领域取得了显著的进展，一系列重点项目取得了重要成果。随着新型传感器、智能控制系统、工业机器人、自动化成套生产线等技术的快速发展，形成了具有自主知识产权的智能制造装备产业体系，实现了多项重大装备的技术突破。尽管如此，智能加工在实际生产应用中仍存在一定的挑战，具体体现在以下几个方面：

（1）智能加工理论体系的构建与关键技术的突破

为了进一步提升智能加工的技术水平和应用效能，我们应加强智能加工理论体系的构建和关键技术的深入研究。这包括但不限于新型传感理论与技术、智能控制与优化理论、智能化集成化规划理论与技术、智能切削加工技术及其在实际场景中的应用示范，以及基于智能加工的切削系统构建与应用技术的开发。这些研究不仅需注重理论探索，更需强调与实践结合，通过实证验证技术的有效性和实用性。

（2）智能数控装备的发展与应用推广

要推动我国智能数控装备的持续发展与广泛应用，我们需加大国家战略性措施的实施力度，特别是聚焦于“高档数控机床与基础制造装备”等领域的重大科技项目。同时，我们应强化对智能测控装置的研发与应用，通过技术研发与实际生产相结合的方式，形成对整个智能制造装备产业发展的有力支撑。这一过程中，我们应整合跨学科、跨领域的研究资源，形成协同创新机制，确保研究成果能够快速转化为生产力。

（3）构建产学研用协同创新平台

为提高智能加工的自主创新能力，我们需构建集产学研用于一体的创新平台，通过高端制造企业、重点高校和科研机构之间的紧密合作，建立有效的信息交流与资源共享机制。此平台旨在促进知识和技术的流通，实现优势互补，加速科技成果的转化与应用。此外，我们还应建立完善的智能加工人才培养体系和激励机制，吸引和培育一批高水平的科技创新人才团队，为智能制造领域的发展提供持续的人才支撑。

综上所述，通过上述三个方面的努力，我们可以有效加强我国智能加工技术在面向实际生产应用时的薄弱环节，推动智能制造领域的全面发展，助力制造业转型升级和高质量发展。

（二）智能控制

1. 智能控制的概念

智能控制是一种先进的自动控制技术，它在无须人工干预的情况下，能自主驱动智能机器实现特定的控制目标。对于一些复杂的系统，构建精确的数学模型并应用传统控制理论进行定量分析往往较为困难，因此智能控制通常结合定量与定性方法，模仿人类的智慧与经验指导求解过程。在智能控制的研究与设计中，焦点不再是数学公式的计算，而是侧重于对任务的描述、环境的识别、知识库的建立与推理机制的开发，旨在创建具备自主决策能力的智能系统。

智能控制的核心在于高层控制，即组织控制层面，负责对实际环境或过程进行组织、决策与规划，以达到解决问题的目的。这需要综合运用符号信息处理、启发式程序设计、知识表示、自动推理和决策等高级技术。这些技术使智能控制的解决过程与人类的思维方式产生共鸣，展现了一定程度的“智能”。

智能控制与传统控制理论紧密相连，两者相辅相成，而非彼此对立。传统控制方法通常被集成到智能控制系统中，用以解决“低级”的控制问题，而智能控制则力求扩展和丰富传统控制方法，以应对更加复杂且挑战性的控制难题。

作为控制理论与人工智能的交叉学科，智能控制是经典控制理论在现代社会背景下的深化与拓展。它在解决实际问题的能力和适应性方面，相较于传统控制方法有了显著提升。然而，作为一个相对较新的研究领域，智能控制仍处于不断发展和完善的过程中，尚未形成统一的定义，其形式和应用范围广泛多样。

根据电气与电子工程师协会的定义，智能控制具备模拟人类的学习与自我适应能力。而中国学者则认为，智能控制是指一种能够自主或交互地执行各种仿人任务的智能机器所依赖的自动控制技术，这种机器能够在各类环境中独立运行，实现特定目标。

2. 智能控制的特点

传统控制方法在应用过程中面临多重局限，这包括缺乏适应性以应对广泛的参数调整和结构变化、高度依赖于精准数学模型的构建、系统处理信息模式单一及不具备学习能力等问题。与此形成鲜明对比的是，智能控制作为一种创新的控制手段，通过融合控制理论与人工智能技术，赋予了控制系统以类似人类的思维能力，从而有效地克服了传统控制理论的诸多局限性。

智能控制系统的核心特征在于其强大的适应性，其不仅能够灵活地应对复杂系统中动态变化的参数和结构，而且还能在缺乏精确数学模型的情况下，依靠对被控对象和环境信息的有效利用，实现对系统的全局有效控制。这一能力使得智能控制系统具备较高的容错性，并展现出广泛的适应性。

同时，智能控制系统的控制策略并非单纯依赖于数学模型，而是融合了数学模型与以知识表示的非数学广义模型，实现了定性决策与定量控制的有机结合。这种混合控制方式极大地拓宽了系统的控制范围，提高了其解决复杂问题的能力。

智能控制系统还具备自适应、自组织、自学习、自诊断和自修复等高级功能，能够从系统整体的角度出发，进行功能分析与优化，以实现既定目标。这种全貌视角使得智能控制能够深入理解系统内部的动态关系，从而做出更为准确的决策。

另外，智能控制的控制器具有非线性和变结构的特点，能够处理多目标优化问题。这些特性使其特别适合应对不确定性、模糊性、时变性、复杂性和不完整性等系统控制难题，相比于传统控制方法，智能控制在面对这些挑战时展现出更大的灵活性和适应性。

总之，智能控制通过引入拟人化思维和人工智能技术，显著提高了控制系统在处理复杂性和不确定性方面的效能，为解决传统控制方法难以应对的问题提供了有力的工具。

（三）智能控制在智能制造中的应用

智能制造是未来制造业发展的趋势，它要求能够对制造系统的运行过程进行高效、合理的控制，以达到提升产品质量、提高生产效率和降低能耗的目标。因此，具备高水准的控制技术是实现智能制造的关键所在。全球范围内，特别是在制造业发达的国家，对制造系统控制及相关技术的发展给予了高度重视。

相比之下，尽管中国制造业在起步和发展初期面临了一系列的挑战，如基础薄弱和起步时间相对较晚，但在过去几年中，我们已经取得了显著进步，与发达国家之间的差距正逐步缩小。然而，当前在制造系统控制技术领域，我国与国外先进水平之间仍然存在明显的差距。

首要差距在于自主创新能力不足。具体而言，核心基础零部件的研发能力欠缺，尤其是制造系统的核心硬件（如控制器）及关键软件大多依赖进口，这直接影响了制造系统的独立性和安全性。此外，网络化接口技术和标准化建设的滞后，导致不同控制单元之间难以实现有效的实时通信，形成所谓的“信息化孤岛”，阻碍了信息流在整个制造系统的顺畅流通。

其次，在制造业智能化、数字化、网络化程度方面，尽管国内外均出现了以数字化车间、智能工厂、网络协同制造为代表的新型制造模式，但国内在这些领域的探索和实施仍处于起步阶段，与国际先进水平存在明显差距。

鉴于此，“中国制造2025”这一国家战略规划明确指出，要大力推进新一代信息技术与制造装备的深度融合，实现生产过程的智能优化控制，这是推动中国制造业向智能制造转型的重要路径。实际操作中，智能控制技术已经被广泛应用于我国制造业的多个环节，通过引入先进的智能控制解决方案，实现了生产流程的自动化、精细化管理，显著提升了制造效率和产品质量，同时降低了能源消耗，为实现智能制造奠定了坚实的基础。

以下是几个典型的应用方向。

1. 智能控制在工业自动化过程控制中的应用

智能控制技术在现代制造业中的应用，为提升生产过程的信息化水平、系统稳定性和生产效率带来了革命性的变化。首先，从信息获取的角度来看，以往的传统生产过程中，信息的收集和处理往往是人工主导，效率低下且易出错。通过引入智能控制技术，我们能够自动获取并分析生产过程中的关键数据，如设备运行状态、物料流动情况、产品参数等，实现生产信息的实时监控和高效整合。基于数据分析的结果，控制系统可以自动调整参数设置，优化生产流程，从而在减少人为误差的同时提高生产效率，降低成本。

其次，在系统建模和监控方面，智能控制技术能够根据收集到的大量数据构建准确的生产系统模型，并以此为基础实现系统的实时监控。当系统运行偏离预设目标或出现异常时，能够迅速识别并预警，甚至在发生严重故障前主动采取措施，避免损失扩大，确保生产线的安全运行和操作人员的人身安全。

再次，智能控制技术在动态控制领域的优势尤其突出。相比传统控制方法，智能控制能够快速适应生产环境的变化，灵活调整控制策略，实现对生产工艺的精准调控。这种动态性不仅限于工艺加工层面，更深入整个生产过程的管理之中，使得制造商能够在复杂多变的市场环境中保持竞争优势。通过智能控制技术的运用，制造商能够更好地预测生产瓶颈，提前做出调整，从而确保生产过程的连续性和高效性，实现资源的最大化利用和成本的有效控制。

综上所述，智能控制技术在现代制造业中的应用，不仅提升了生产过程的信息化水平，保障了系统的稳定运行，而且通过动态优化控制策略，显著提高了生产效率和产品质量，为制造业的转型升级提供了有力支撑。

2. 智能控制在车床控制中的应用

车床作为一种核心的制造工具，其在加工领域的广泛应用离不开高效的控制技术的支持。传统的车床控制方式，虽然在一定程度上满足了基本的加工需求，但在精确度、效率及灵活性等方面仍存在局限，尤其是在处理复杂形状零件时，人工设定的工艺参数往往无法完全适应变化的加工条件，从而影响了产品的质量与生产效率。

随着智能控制技术的发展，这一状况得到了显著改善。智能控制技术通过自动化的方式优化车床的操作过程，显著提升了零件加工的精度、效率和适应性。其在车床控制领域中的应用主要包括两方面：

一方面，针对车床运动轨迹的控制，智能控制技术发挥了重要作用。传统车床在加工过程中，尤其是面对复杂的加工面和突然的变化时，常因跟踪误差导致较大的偏差，影响加工精度。建立智能控制系统，对车床的进给系统进行精确的建模与控制，能够有效减少这些误差，提高系统的稳定性和整体加工精度。

另一方面，智能控制技术在工艺参数优化上的应用也极大地推动了车床加工的效能。在实际的车床加工中，切削参数和刀具参数的选择直接影响到零件的质量、加工效率及能源消耗。智能算法可以根据不同的优化目标，如最小化加工时间、降低能耗等，自动调整并优化这些参数。这种方法不仅提高了加工效率，减少了资源浪费，还能有效降低生产过程中的碳排放，符合绿色制造的趋势。

总之，智能控制技术的应用极大地拓展了车床在制造领域的适用范围和效率，为实现高精度、高效率、低能耗的生产提供了有力支持，是推动现代制造技术进步的重要驱动力之一。

3. 智能控制的发展趋势

智能控制作为传统控制理论在深度和广度上的延伸，正受益于计算机技术、信息技术和人工智能技术的迅猛发展，逐渐向智能控制系统演变，并展现出强大的潜力。未来智能控制领域的发展趋势充满了无限可能，具体体现在以下几个关键方向：

首先，智能控制将通过跨学科的深度整合实现新的突破。这种融合不仅仅是智能控制与计算机科学、模糊数学、进化论、模式识别、信息论、仿生学和认知心理学等其他领域的互动，更涵盖了智能控制内部技术之间的互相促进和渗透。例如，深度学习和强化学习等先进的人工智能技术将与传统控制策略相互补充，共同推动智能控制技术的创新和发展。

其次，构建更新的理论框架是智能控制进一步发展的关键。为了使智能控制具备超越人类智能的能力，我们需要综合哲学、心理学、认知科学等抽象学科的知识，同时结合控制科学、生理学、人工智能等实践领域，构建更为全面、高度整合的智能控制理论体系。这一体系不仅要涵盖智能行为的理论基础，还要能够指导设计出更为灵活、自适应性强的智能控制系统。

最后，智能控制的应用创新将成为推动技术进步和社会发展的强大引擎。为了实现这一目标，研究人员需要开发专门用于智能控制的软件、硬件平台，并优化现有的计算资源，以提升控制系统的集成能力。同时，针对智能控制在实际应用中遇到的问题，如数据处理、模型预测、决策制定等挑战，开展深入研究，旨在提高系统的可靠性和效率，最终使得智能控制技术能够在制造业、医疗、交通、环境保护等多个领域发挥出更大的价值。

总之，未来智能控制的发展趋势不仅涉及技术层面的革新，还包含理论框架的构建、应用创新等多个维度。通过不断探索和整合多学科知识，智能控制有望成为驱动社会经济持续增长、提高生活质量的关键力量。

二、智能制造生产线与智能工厂

（一）智能制造生产线

1. 智能制造生产线概述

自动生产线是一种先进的生产组织形式，它是自动化机器体系的产物，基于连续流水线的进一步发展，其特点是加工对象在生产线上的自动传输与加工，无须人工直接操作。生产线的高度自动化减轻了劳动强度，改善了工作环境，提高了生产效率。通过统一的节拍运行，实现了生产过程的连续性与高效性，使得生产稳定、精确且迅速。

智能制造生产线则是自动化生产的一次重大飞跃，它结合了自动化设备、数字化车间、智能化工厂的先进技术，全面涵盖了智能制造的六个关键环节，即智能管理、智能监控、智能加工、智能装配、智能检测、智能物流。通过融合“数字化、自动化、信息化、智能化”的四化共性技术，智能制造生产线实现了一系列创新与整合，构建了完整的解决方案。这一解决方案包含了智能工厂与工厂控制系统、在制品与智能机器、在制品与工业云平台、工厂云平台与智能机器、工厂控制系统与工厂云平台、工厂云平台与用户、工厂云平台与协作平台、智能产品与工厂云平台等工业互联网的各类连接，形成了一个有机整体，实现了从产品设计到销售的全流程智能化管理和优化。

相比传统的自动生产线，智能制造生产线更加注重技术创新与集成应用，旨在通过大数据、云计算、物联网等现代信息技术手段，提升生产效率、产品质量、节能减排水平，最终实现产品的个性化定制、生产流程的柔性化调整和供应链的智能化协同，为企业的可持续发展提供了强大的技术支持。

2. 智能车削生产线

智能车削生产线主要用于汽车零件的加工，该生产线主要完成两种汽车零件从毛坯到成品的混线自动加工。车削生产线由毛坯仓储单元、成品仓储单元、RGV 小车物流单元、加工单元、在线清洗与在线检测单元、产线总控系统组成。

（1）总控制系统和检测单元

我国某企业设计的总控系统主要分为室内终端与现场终端两个核心部分。室内终端配备了多台显示器和数据库，显示器能够直观地展现用户车间的各种实时状态，包括设备运作情况、零件加工进程、物流流转、人员活动状况，乃至车间的温湿度等环境参数。数据库则专门用于收集并处理来自整个生产车间的大规模制造数据，确保高层管理人员能够轻松、明了地掌握现场的全面动态。

现场终端则布置在生产区域，其主要职责在于操控整个生产线，执行设备的基础数据采集、分析，并提供本地与远程管理服务，同时展示动态信息可视化。该终端同样配置了显示器，用以展示用户车间的详细信息，比如设备监控、生产统计数据、故障记录、设备分布图、报警信息分析及工艺知识库等。现场终端还支持功能扩展，包括设置生产管理看板、实现加工程序的上传下载、进行员工身份识别刷卡、追踪并分析生产任务进度等多种功能。

现场终端通过多种接入方式，如有线网络、Wi－Fi、2G/3G/4G/5G 移动通信网络，高效地收集和传输现场数据。这些数据随后通过互联网被传输至用户室内的 SQL Server 数据库，与室内终端进行实时的数据交换与互动，形成一个高效的信息流闭环，确保了从现场到管理层的决策依据的及时性和准确性。

典型的在线检测单元主要由工业机器人、末端执行器和多种传感器构成。当成品通过物流系统送至指定位置后，工业机器人会将检测单元精准地移动至指定工位。首先，通过安装于检测单元上的视觉相机对待检测零件进行拍照识别与定位，接着，工业机器人根据相机反馈的信息调整自身位置，确保检测单元的检测头对准待检测部位。

在识别与定位工作完成后，由末端执行器执行零件抓取动作，并借助工业机器人的精确操作，将零件转移到检测台的指定位置。此时，检测台上已经预设了多种传感器，它们能够对零件的孔径、窝深、曲率、粗糙度、齐平度等关键尺寸参数进行在线、高精度检测。同时，通过集成的智能算法，系统可以实现自动测量与零件自动分类，将不同类型的零部件按照需求分别引导至不同的物流线上，实现高效自动化的分类流程。

检测数据经处理后，通过互联网直接反馈至总控系统，操作人员通过室内或现场的总控系统终端，能即时获取到零件的检测结果。符合预期的零件将直接进入下一道工序；若检测结果显示存在不符合标准的情况，则终端会弹出不合格提示信息，供操作人员根据零件的具体问题程度来做出相应的处理决策。检测完成后，末端执行器将已检测零件抓回，并由工业机器人将其送回物流系统，最终通过物流系统流转至下一工位，完成整个检测及后续处理流程的自动化闭环。

（2）汽车零件加工数字化车间

壳体加工自动生产线被设计为六个工序的流程，集成了立式加工中心、车削中心、工业机器人、在线检测设备及全自动料库等先进设备，实现了壳体零件从原材料到成品的全流程自动化加工。

该生产线的工艺流程如下：

毛坯上料：开始时，将毛坯材料输送到生产线的第一站。在这里，使用车床进行初步的加工，包括定位孔和端面的制作，随后人工将随行夹具安装在毛坯上，准备后续的加工步骤。

二次旋转与加工：经过上一步骤后，随行夹具带着已初步加工的毛坯进入车削中心。此设备将进行第二次旋转，同时利用先进的机械手技术将毛坯翻转 90°。在此过程中，端面和孔被进一步加工，同时在线检测设备实时监控并验证加工质量。

在线检测与确认：一旦加工完毕，毛坯通过在线检测设备进行初步质量检查，确保加工过程达到预定标准。如果检测合格，毛坯进入下一步加工阶段；若不合格，则需进行修正或重新加工，直至满足质量要求。

3. 孔的加工

立式加工中心的高精度和灵活性确保了孔的位置准确无误。

精细孔加工：紧接着，通过同样的立式加工中心，进行空间位置 φ4.5 孔及其孔口的加工。这一步骤的高精度是保证壳体功能性和稳定性的关键。

复合孔加工：随后，加工中心继续其精密操作，完成空间位置 φ4.5 和 φ7 孔的加工。复合孔的准确度直接影响壳体的结构强度和性能。

上部孔及端面加工：最后，利用同一设备完成上部孔及端面的加工。这一步骤确保了壳体的完整性和美观性。

人工拆卸与成品检验：加工完成后，人工拆卸随行夹具，此时的壳体已完成大部分加工步骤，进行最终的质量检查，确认所有加工细节都符合设计标准，至此，成品壳体加工完成，准备进入下一道工序或直接入库。

这条自动化生产线的设计旨在提高生产效率、保证产品质量，并降低人工干预对生产流程的影响，从而实现壳体零件从加工到成品的无缝衔接。

（二）智能工厂

1. “工业4.0”的出台与内涵

随着信息网络技术、大数据、云计算等先进技术的蓬勃发展，互联网技术正逐步融入制造领域，催生了新的工业形态。这种变革标志着“工业4.0”的时代已经到来，它以其智能化、绿色化和人性化的特色，引领了一场颠覆传统的工业革命。

在“工业4.0”背景下，智能化体现在产品的定制化生产上。面对个性化需求的日益增长，大规模生产模式面临挑战。因此，“工业4.0”首要解决的问题是如何在单件小批量生产中实现与大规模生产的同等效率与成本，构建出既能提供高品质、个性化的智能产品，又能在生产过程中灵活响应客户需求的智能工厂。这一目标的实现不仅需要高度自动化和数字化的生产系统，还需集成人工智能技术，以实现精准预测和决策支持。

绿色化生产是“工业4.0”的另一个重要面向，它涵盖了从产品设计、生产到废弃处理的整个生命周期，旨在实现可持续发展。通过绿色制造，工厂不仅能够减少对环境的影响，还能更高效地利用资源，优化能源消耗，降低污染物排放。这一变化使得工厂能够灵活选择建址，接近城市和员工居住区，有效改善生产活动与环境及人类社会的关系。

“工业4.0”的核心还在于构建一个“虚拟网络-实体物理系统（CPS）”。通过物联网技术、移动通信和大数据分析，虚拟世界与现实世界实现了无缝连接，设备、信息、物品与人之间可以高效互动。这不仅消除了空间和时间的限制，实现了远程协作与监控，还使得机器间可以自主通信，不同地理位置的生产设施能够协同工作。在这样一个高度集成的生态系统中，统一的生产计划系统可以灵活调配资源，实施更加灵活的工作模式，如柔性工作制度。由多个相互独立但紧密协作的CPS组成的分散网络化制造体系，将成为高效率、资源节约且以人为本的先进生产方式，极大地推动了制造业的转型升级。

2. 智能工厂内涵

“工业4.0”倡导的智能制造，是一种贯穿产品整个生命周期的制造模式，它在泛在感知条件下通过信息化手段实现高效制造。智能制造不仅是可持续发展的重要路径，更是通过利用计算机建模仿真与通信技术的强大能力，优化产品设计与制造流程，显著减少资源与能源的消耗及废弃物的产出，并促进资源循环利用，减少排放，最终实现环境保护的目标。

基于“工业4.0”理念打造的智能工厂，代表了自动化制造业的未来方向。它融合了物理系统与虚拟的信息系统，形成信息物理融合生产系统。相比传统工厂，智能工厂因其CPS的存在，不仅能够在实时性和资源成本管控方面表现出极高的效能，而且还具备了更广泛的地理分布可能，实现了资源的高效利用与灵活性。

智能工厂内部的虚拟信息系统，是其物理系统的中枢大脑，负责管理和协调物理系统的运行与生产活动。这两者通过移动互联网与物联网实现协同交互，这意味着智能工厂并不局限于单一的实体车间，而是可以利用遍布全球的设备，实现实体与虚拟空间的无缝整合，体现了一种“全球本地化”的独特工厂形态。

智能工厂作为实现智能制造的核心载体，通过集成各种先进的生产管理工具、软件与智能设备，实现了企业从设计、生产直至销售、服务等各环节的全面智能化转型。具体而言，智能工厂借助这些技术与设备，可以实现产品仿真设计、生产自动化排程、信息实时传输与反馈、生产过程全程监控、在线质量检测、物料自动化配送等一系列智能化操作，从而极大地提升了生产效率与产品质量，同时也降低了运营成本，为企业的可持续发展奠定了坚实的基础。

3. 智能工厂的架构

智能工厂的组织结构层次分明，从企业层到管理层再到集成自动化系统，每一层都有其独特的功能和作用，共同构建了一个高度智能化、自动化、柔性化和定制化的生产环境。

企业层作为一个核心枢纽，融合了产品设计生命周期与生产生命周期的全流程，实现了从设计到生产的统一集成式管控，确保全生命周期的技术状态透明化管理。通过集成产品生命周期管理系统与制造执行系统、企业资源计划等系统，企业层实现了设计到生产的全过程高度数字化，最终构建了一个基于产品、贯穿所有层级的垂直管控体系。这种一体化的设计使得从概念生成到最终产品的制造过程中的每一步都能够在数字世界中得到追踪和管理，实现连续性的数字化数据流转，提升了整体的运营效率和产品质量。

管理层则专注于执行生产计划，主要职责是在制造职能部门内分发并协调执行计划，保证生产计划与现场信息的同步。通过与制造执行系统的紧密连接，管理层能够获取并分析来自底层工业控制网络的数据，包括但不限于设备的工作状态、实际生产记录等关键信息。同时，管理层还能实时监控和反馈给操作人员与管理人员关于资源（如人力、设备、物料和客户需求）的当前状态，确保生产活动的顺畅进行，及时响应变化，提高决策效率。

集成自动化系统则是智能工厂的底层基石，其集成策略采用自下而上的方法，跨越设备现场层、中间控制层及操作层，运用全集成自动化技术，实现现场生产设备的物理网络化。在控制层通过可编程逻辑控制器和工业控制软件集中控制设备，确保设备操作的精确性和一致性。在操作层，通过可视化监控界面，操作人员能够实时掌握物理网络层的运行状态，进行有效的分析与调整，实现对生产过程的精细化管理。

智能工厂架构的建立，使得整个生产流程能够在高度智能化和自动化的基础上，灵活应对市场变化和个性化需求，快速响应，实现高度定制化的生产。这样的架构不仅能够显著提升生产效率和产品质量，还能够有效降低库存成本，优化资源配置，为企业带来持续的竞争优势。通过研发制造网络的搭建，智能工厂能够更加敏捷地适应市场需求的变化，实现定制化产品的快速生产，满足客户多样化的需求，推动企业持续增长和创新发展。

第七章　先进机器人技术

第一节　先进机器人技术概述

机器人作为集机械、电气、控制、检测、通信与计算机技术于一体的综合系统，是现代科技的结晶，涵盖了多个学科领域的知识。随着互联网、新材料和新能源技术的快速发展，新一轮以“数字化智能制造”为核心的工业革命正蓄势待发，而工业机器人正是这一革命进程中不可或缺的关键角色。

现代机器人体系大致分为工业机器人、服务机器人和特种机器人三大类。工业机器人作为工业生产领域的典型代表，是机器人产业的重要组成部分，其历史源远流长，首台机器人便属于这一范畴。近年来，虽然服务机器人和特种机器人市场展现出了强劲的增长势头和广泛的应用前景，但它们的市场占有率和普及度与成熟度极高的工业机器人相比仍存在显著差距。

工业机器人因其在自动化生产线、精密加工、搬运、装配等方面的高效、精准与稳定表现，被广泛应用于汽车制造、电子、食品、医疗等多个行业，极大地提高了生产效率和质量。未来，随着智能制造技术的进一步发展，工业机器人将不断升级，从传统刚性自动化向柔性自动化、智能化转变，成为实现数字化、网络化和绿色制造的重要推动力量。同时，服务机器人和特种机器人领域也将在智能家居、医疗服务、安全巡逻、农业作业等领域发挥更大的作用，逐步缩小与工业机器人之间的差距，共同推进人类社会迈向更高层次的智能化时代。

一、工业机器人技术的基础应用

（一）工业机器人技术的先进性

现代工业机器人采用的是开放式的模块化控制系统架构，这种设计使其具备了高度的灵活性和扩展性。随着技术的不断发展，工业机器人的运动控制器、输入/输出（I/O）控制板、智能传感器、网络通信及故障诊断与安全维护系统都有了显著的进步。这些技术创新不仅提升了机器人的工作效率，还增强了系统的可靠性和安全性。

工业机器人及其配套的自动化设备，以其卓越的性能，完美地适应了现代制造业企业在自动化生产线上对精细制造、精密加工及灵活多变生产模式的需求。无论是对于高精度零件的加工，还是在复杂工况下的任务执行，工业机器人凭借其高度自动化的操作能力，都展现出无可比拟的优势，成了提升生产效率、保证产品质量、优化工作环境的关键技术手段。随着智能制造时代的到来，工业机器人的应用将更加广泛，为推动制造业转型升级、提高国际竞争力发挥着重要作用。

（二）工业机器人技术应用广泛

工业机器人及其自动化成套装备是现代制造业不可或缺的核心技术，它们在多个领域展现出了卓越的效能与价值。在汽车制造行业中，工业机器人技术尤其突出，尤其是焊接机器人，它们以高效的自动化能力，大大提升了生产效率和质量稳定性。在中国汽车制造业中，焊接机器人更是占据了主导地位，几乎半数以上的工业机器人应用于此，而在发达国家，这一比例更是超过 50%，充分体现了工业机器人在汽车制造领域的巨大潜力和应用深度。

在 3C 电子行业中，工业机器人同样扮演着关键角色。它们不仅在集成电路和贴片元器件生产中发挥了重要作用，还能在手机组装过程中执行诸如分拣、装箱、激光塑料焊接等任务，显著提升了生产效率和产品质量。随着自动化水平的提升，四轴码垛机器人等也逐渐成为触摸屏等产品的生产线上自动化流程的主力军。

食品加工业也见证了工业机器人的广泛应用，无论是包装罐头、自动包饺子等场景，工业机器人都以其精准的操作和标准化流程，实现了生产过程的自动化升级，有效提高了食品加工的卫生标准和效率。

橡胶及塑料行业同样受益于工业机器人的引入。通过机器人实现原材料的高效加工与精准操作，我们不仅可以大幅提高生产效率，降低能耗，而且还能保障生产环境的安全，减少对人体健康的潜在危害。

在焊接行业，工业机器人凭借其卓越的精度和稳定性，不仅取代了传统的人工焊接方式，更有效改善了焊接环境，减轻了工人的劳动强度，降低了安全事故的发生概率。

铸造行业面临的高温、高污染等恶劣工作环境，通过开发专用的重载铸造机器人，我们不仅提升了生产效率，还改善了工人工作条件，实现了行业内的安全生产与环保要求。

对于高精度要求的玻璃制造领域，工业机器人以其精准的操作能力，确保了玻璃产品的高质量产出，特别是在洁净度要求极高的特殊用途玻璃生产中，机器人成为不可或缺的生产工具。

喷涂行业尽管面临初期投资成本较高的挑战，但长期看来，采用喷涂机器人能显著提升生产效率和产品质量，减少废品率，提高机器利用率，降低人为操作风险，实现出产率与经济效益的双重提升。

自动导引运输（AGV）作为车间内的智能搬运装备，通过实现物流自动化管理，有效提高了生产效率与资源利用效率，特别在汽车生产线上，AGV 不仅能够实现零部件的自动化装配，还极大地提高了装配的灵活性与速度。

在消费品检测检验领域，工业机器人如制药行业的药品检测分析处理机器人，以其更高的精确度与一致性，替代了传统的人工检测，不仅提升了检测效率，还降低了人为误差，确保了产品质量的一致性与可靠性。

综上所述，工业机器人技术自诞生以来，经历了从简单到复杂、从单一功能到多功能的快速发展历程，如今已成为现代智能制造企业自动化生产线上不可或缺的一部分。它们不仅能够独立完成各类生产任务，还能够与人或其他机器人协同工作，构建起高效、智能、柔性的生产网络，为提高产品质量、提升生产效率、降低生产成本、保障工作安全等方面做出了巨大贡献。

二、工业机器人技术的工程应用

（一）工业机器人工作站的创建

在构建柔性制造系统时，对客户需求的满足与工业机器人系统的高效匹配是至关重要的步骤。首先，根据客户的生产与控制需求，结合工业机器人系统的具体参数性能指标（如本体的安装方式、工具的最大承重能力、本体的工作半径及重复定位精度等），进行精密的机器人本体、机器人工具及特制工件的选型。这一阶段，通过深入分析和严格筛选，确保所选设备能够适应特定生产任务的需求，并达到预期的性能标准。

在完成选型工作之后，接下来的任务便是搭建工业机器人工作站。这不仅涉及机器人本体的实际安装与配置，还涵盖了工作站内部各组件之间的协调与整合，确保整体系统能够稳定高效地运行，以满足生产流程中的各项要求。

随后，为了确保工业机器人的工作空间能够全面、准确地覆盖整个生产流程，我们需要对其工作空间的三大关键坐标系——基坐标系、工具坐标系和参考坐标系进行精确的坐标定位。基坐标系通常定义为机器人本体的原始坐标系，是机器人进行运动控制的基础；工具坐标系则基于基坐标系，反映了机器人末端执行器的姿态与位置信息，有助于实现更精细的操作控制；而参考坐标系则是相对于基坐标系或工具坐标系设定的一个辅助坐标系统，用于提供更灵活的工作空间定义，以适应不同工件或任务的具体需求。

通过上述坐标系的精准定位与设置，我们不仅能确保工业机器人的动作准确无误，还能够在复杂多变的生产环境中灵活应对，实现高度的自动化与智能化生产。这种精准定位和高效协同的系统设计，是实现柔性制造的关键所在，能够显著提升生产效率、降低生产成本，并增强整体生产的灵活性与适应性。

（二）工业机器人目标点的轨迹规划

工程技术人员在设计工业机器人系统以高效完成生产任务时，必须考虑在碰撞检测功能启用的条件下进行合理的目标点轨迹规划。这一过程旨在明确机器人在工作环境中的运动路径，以确保其安全、平稳地执行任务，避免任何可能的碰撞事件。目标点轨迹规划详细描述了机器人从起点到终点的运动细节，包括速度、加速度及转向等参数，从而指导机器人沿着最优路径移动。

在完成初步的轨迹规划后，下一步是将规划路径输入机器人控制系统中，执行空载试运行。这一步骤对于验证机器人是否能够在实际操作中按照设计轨迹平稳运行至关重要。通过空载试运行，工程师能够检测机器人运动过程中是否与工作空间内的任何物体（如工具、工件、其他机械装置等）发生接触，从而及时发现并调整任何潜在的碰撞风险。此阶段的成功意味着机器人系统在正式生产任务中具有高度的可靠性，能够有效防止意外碰撞导致的设备损坏、生产中断等问题，进而保障生产效率和产品质量。

在整个过程中，合理的目标点轨迹规划与空载试运行相结合，不仅确保了机器人在生产环境中的高效、安全运作，也体现了工程技术在工业自动化领域的专业性和严谨性。通过这种方式，工业机器人系统能够更加智能、精准地服务于制造业的各个环节，推动生产流程的优化与升级。

（三）工业机器人目标点的示教编程

在工业机器人的应用中，一旦目标点轨迹规划完成并得到合理设计，工程技术人员将通过示教器来细致地设定目标点的运动模式和相应的动作。这些动作通常包括但不限于直线运动和圆弧运动，用于实现机器人从一个位置准确、高效地移动至另一个位置，并在过程中执行所需的加工动作，如搬运、码垛、电焊、喷涂、装配等。

在完成了工业机器人的编程示教后，我们通常会首先进行单机生产任务的试运行。这一环节是确保机器人能够按照预设的轨迹和动作顺利完成任务的关键步骤。如果单机试运行能够顺利调试，并达到预期效果，那么接下来就可以进一步将机器人与配套的自动化控制设备进行联机调试。这些自动化控制设备可能包括变频调速系统、步进定位系统及智能传感器等，它们协同工作，共同确保机器人能够与整个生产系统无缝对接。

最终目标是建立一个高度自动化的柔性制造系统，实现生产线的自动运行与维护。这样的系统不仅能够显著提升生产效率，减少人为错误，还能根据实际生产需求灵活调整，满足多样化的产品定制要求，同时确保生产过程的稳定性和一致性。整个系统的构建是一个逐步优化、不断迭代的过程，旨在通过智能化技术推动制造业向更高层次发展，实现高效、精确、灵活的生产目标。

三、机器人的技术构成

机器人涵盖多种技术，主要包括系统化、感知、计算机、识别处理、判断、控制、传动技术等。

（一）系统化

系统化在机器人技术领域至关重要，它通过整合各项技术或针对特定需求构建系统，成为机器人开发的核心策略。近年来，为了提高开发效率，业界普遍推崇模块化和模拟器的应用。相较于传统从头开发每项功能的方式，引入机器人组件后，功能重用性显著提升，彻底变革了传统的开发流程。

传统上，机器人开发往往依赖于“自底向上”的方法，每个功能都需要从零开始研发，这不仅耗时长且成本高。然而，随着机器人组件的广泛应用，我们不仅增强了功能的可复用性，还促进了模块化组件的设计和应用，使得机器人开发过程更加高效、便捷。这些组件遵循如对象管理组织（OMG）等标准化体系，已在众多项目中得到了实践验证。

此外，开源机器人基金会（OSRF）推动的机器人操作系统（ROS）已成为开源机器人软件开发的基础框架之一，广泛应用于各种应用中。随着机器人组件与ROS之间兼容性的增强，开发者可以更加方便地整合组件和ROS，构建复杂的机器人系统。

除了硬件组件和操作系统之外，模拟器作为一种强大的开发工具，对于加速机器人程序的开发尤为关键。根据具体应用场景，有多种多样的模拟器可供选择，例如OpenHRP、Webots、Gazebos和Choreonoid等，它们能够提供离线模拟机器人在不同环境下的动作和交互情况，大大节省了实际实验的成本和时间。

（二）感知

机器人作为一个集感知、判断与执行于一体的复杂系统，其核心能力主要源自对其周围环境的感知。这一过程涵盖了人类的五大感官，以及机器人独有的感知方式。在机器人的应用中，其通常会利用“三觉”传感器——视觉、听觉和触觉传感器，以模仿人类的基本感知能力。此外，机器人还装备有其他特有传感器，比如激光测距传感器和GPS传感器，这些传感器赋予了机器人超越人类的感知能力，如精确的距离测量和全球定位。

特别值得注意的是，距离图像传感器在近年来的发展尤为突出，成为机器人实现自主行动的关键技术。无人驾驶汽车的成功就是基于这些传感器对环境的精准感知与反应，从而实现了车辆的自动导航与驾驶。过去，由于传感器体积的限制，将其集成到机器人内部面临挑战，但随着精密加工技术的进步，现在即便是小型机器人也能够使用这类传感器。

另外，随着智能手机上广泛使用的加速度传感器和陀螺仪传感器日益小型化与成本降低，它们开始在无人机等需要进行精确姿态控制的机器人设计中发挥重要作用。这些传感器不仅使机器人的动作更为灵活精准，也极大地降低了相关设备的成本，为更多领域的应用提供了可能。

总之，传感器技术的不断进步，尤其是传感器小型化、低成本化的趋势，不仅丰富了机器人感知世界的手段，也为机器人实现更高级别的人工智能与自主操作提供了坚实基础。

（三）计算机

计算机性能的显著提升，使得原本计算成本高昂的算法如图像处理和A＊路径寻找等，现在即便是便携式计算机也能实现实时处理。这极大地推动了机器人实现自主行动的进程，因为机器人能即时响应和处理复杂的环境信息。同时，处理器体积的不断缩小和能耗的降低，进一步促进了机器人向小型化方向发展，使更多的移动机器人能够应用于各种场景。

另外，一些大型配置的处理器用于分散协调控制的机器人设计也很受欢迎，这种设计允许通过多个处理器并行处理任务，提高了系统的整体效率和响应速度。

当前，大多数高级机器人配备了专门的操作系统，这带来了对实时性的更高要求。尽管Linux等常见操作系统已经具备了一定的实时性，但在需要严格周期控制的任务中，真正意义上的实时操作系统更为关键。例如，ART、Linux、ITRON、VxWorks等操作系统因其在实时处理方面的专业性和稳定性而被广泛应用。随着多核处理器的普及，这些操作系统能够为每个内核分配特定功能，并实现同步处理，从而有效满足了对实时性和高效率的需求，确保机器人在复杂环境中准确无误地执行任务。

（四）识别处理

机器人通过数据分析和处理技术识别和理解其环境状态的能力正逐渐融入我们的日常生活。以智能手机为例，其内置的语音识别技术使得用户可以通过语音输入信息，极大地方便了人们的日常操作。而在汽车领域，通过感知车辆间的距离，实施预防碰撞的自动安全功能，也在保障行车安全方面发挥了重要作用。这些识别技术通常以易于集成的模块形式提供，如在机器人组件或 ROS 系统中，已经包含了多种功能强大的识别模块。

1. 语音识别

作为广泛应用的技术之一，Julius 是一个由日本京都大学和日本信息处理机构共同开发的高效双通道大词汇连续语音识别引擎。它不仅具备高识别率，还能够在复杂的语言环境中实现精确的语音转换为文本功能。

2. 图像识别

OpenCV 是由英特尔开发的开源计算机视觉库，广泛应用于图像处理领域。它不仅涵盖了基础的图像处理操作，如边缘检测、色彩变换等，还融合了先进的人脸检测技术及深度学习算法，使其成为一个多功能且易于扩展的图像处理平台。

3. 自我定位

对于具备自主移动能力的机器人而言，准确的自我定位是其执行任务的前提。目前，蒙特卡罗方法是一种常用的位置估计技术，它通过模拟随机事件来估算机器人在环境中的确切位置，即便是在不断变化的环境中，也能保持较高的定位精度。这种方法结合了地图构建、概率滤波器等技术，为机器人提供了可靠的导航基础。

综上所述，这些识别技术的不断发展和完善，为机器人在不同领域的应用提供了强大的支撑，从智能家居、智能交通到工业自动化，都在逐步实现更智能化、自主化的操作，推动着人类社会进入一个更加便捷、安全、高效的未来。

（五）判断

基于对状态的识别如何就执行作出决策，需要进行判断。也就是说，其需要进行所谓的“思考”，比如判断如何行走，也就是制订“路径计划”，主要是指为自律移动机器人制定一条规避障碍物，抵达目的地的最优化路径。这里面常用的算法是代克思托演算法。

（六）控制

控制是赋予机器人“执行”选择最佳行动能力的关键因素，这一技术在过去对难以精确控制的机器人类型，如步行机器人和飞行机器人等，具有重要的意义。近年来，我们见证了机器人控制理论的重大突破，使得各种复杂机器人能够展现出稳定的性能。

对于步行机器人而言，近年来的研究重点集中在提升其动态稳定性上。现在，即使在面临外部干扰时，这些机器人仍能维持其步行姿态，展现出卓越的适应性和鲁棒性。这种进步使得机器人能够在多变的环境中灵活移动，执行各种任务。

在飞行机器人的领域，尤其是四旋翼飞行器，其操作已变得极为便捷。通过集成陀螺仪传感器和加速度传感器，机器人可以实时监测自身的姿态变化，并据此精确调整每个旋翼的转速。这使得飞行机器人能够按照预设的航线飞行，甚至实现复杂的空中机动动作。这一技术的发展极大地拓宽了飞行机器人的应用范围，包括但不限于物流配送、环境监测和搜救任务。

总之，随着控制理论的进步，机器人在行走和飞行方面的表现得到了显著提升，展现出更高的稳定性和灵活性，这为机器人在各个领域中的广泛应用奠定了坚实的基础。

（七）传动技术

机器人的传动系统通常依赖于电力驱动，以电机作为核心组件。电机不仅能独立运行，也能作为控制电路的关键组成部分，与计算机紧密交互，精确控制机械臂的角度和角速度，从而实现高效和精准的操作。不过，现代机器人设计中也逐渐探索了其他类型的驱动方式，以满足特定应用场景的需求。

气压驱动是另一种被广泛应用的驱动方式。相较于电力驱动，气压驱动系统通常更加轻便，同时能够提供较高的功率输出。这种驱动机制特别适用于要求关节结构灵活性和响应速度高的场合，例如需要进行快速或大幅度动作的机器人。此外，气压驱动还经常出现在那些需要跳跃、攀爬或完成其他动态动作的机器人设计中，以实现更复杂和多样化的行为。

液压驱动是满足大功率需求的理想选择。液压系统利用液体（通常是油）作为工作介质，通过压力传递动力，能够提供强大的驱动力矩，非常适合需要高负载、高扭矩的应用场景。液压驱动在重型机器人、仿生机器人及需要执行重负荷任务的工业自动化设备中得到广泛应用。相比电机和气压驱动，液压驱动虽然在响应时间和维护成本方面可能稍逊一筹，但其在功率密度和力矩输出上的优势使其成为许多高强度、高动态需求领域的首选解决方案。

第二节　工业机器人的结构与驱动系统

一、工业机器人的结构

（一）机械本体

1. 本体结构件

工业机器人机械本体的核心构成部分主要通过铸造及机加工工艺形成，材料的选择涵盖了铸铁、铸钢、铝合金、工程塑料及碳纤维等多元材质，旨在确保机器人的稳定性和工作效率。

工业机器人的本体结构通常由以下几个关键部分组成：

底座：作为机械本体的基础框架，底座主要承担支撑作用，它既稳固地固定在机器人操作平台或是移动设备之上，也是整个机器人的根基，确保机器人的稳定性和安全性。

腰部：位于底座与手臂之间的关键部件，腰部关节轴的设置允许机器人进行上下或前后方向的运动，有效支撑手臂及附属机构的运动，确保机器人能够在预定的空间范围内灵活操作。

手臂：是机器人的主体构造，包含了大臂和小臂两部分，共同构成支撑手腕及末端执行器的基础结构。通过手臂的设计，手部中心点能够按照预设的轨迹进行移动，实现对复杂作业路径的精确操控。

腕部：作为手臂与末端执行器（工具）之间的连接环节，腕部承担着调整工具在空间位置的角色，同时也可改变工具及其所夹持工件的姿态，以适应不同的作业需求。

手部：作为机器人实现抓取功能的执行部分，手部设计多样，依据抓取方式的不同可分为夹持类和吸附类两大类。夹持类手部如夹钳式、弹簧夹持式等，通过物理接触实现工件的抓取；吸附类则利用气吸、磁吸等方式完成工件的抓取，实现高效率的物料搬运与加工操作。

通过这些精密结构的组合，工业机器人实现了从基础支撑到精细操作的全面覆盖，不仅提升了生产过程的自动化水平，也极大地提高了生产效率和产品质量。

2. 伺服电机

伺服电机在机器人中用作执行单元，分为交流和直流两种，其中交流伺服电机在机器人行业中应用最为广泛，约占整个行业的65%。

3. 减速机

减速机在工业机器人系统中扮演着至关重要的角色，它们通过精确控制机器人动作并提供所需的力矩，从而确保机器人能够高效且准确地执行各种任务。工业机器人通常配备两种类型的减速机，根据其安装位置和负载需求而有所不同：

RV减速机：这种减速机被安装在机器人的重要负载节点，比如机座、大臂、肩膀等部位。它们具备高精度、高刚度及紧凑设计的特点，能够在重负载场景下提供强大的扭矩输出。RV减速机因其性能卓越，在工业机器人的设计中占据了核心地位，广泛应用于高要求的领域，如高性能的精密传动、工业机器人的关节驱动、伺服控制系统、精密雷达驱动及高端数控机床等。同时，它们也适合于需要体积小巧、重量轻的工程机械、移动车辆等应用场合的普通动力传递。

谐波减速机：相较于RV减速机，谐波减速机更常被安装在轻负载的部件，如小臂、腕部或手部等。这类减速机凭借其独特的设计理念，在提供精确运动控制的同时，还能实现较低的安装尺寸和重量，使其成为轻型机器人部件的理想选择。谐波减速机以其高效能、低惯量、紧凑体积等特性，在保证机器人末端执行器的灵活性和响应速度方面发挥着关键作用。

这两种减速机分别针对不同的应用场景和负载条件进行了优化设计，共同确保了工业机器人系统的高效、稳定运行，为现代制造业的自动化和智能化提供了强大的技术支撑。

（二）控制系统

机器人控制系统是机器人体系的核心组成部分，它负责调控机器人各关节的位置、速度及加速度等关键参数，确保机器人能够精准地按照设定的轨迹与速度到达预定位置，执行特定的任务。这一系统的功能性和效能对于提升机器人工作效率与精确度至关重要。

工业机器人的控制系统主要由两个核心部分构成：控制器和控制软件。控制器作为系统的基础硬件设施，包含了示教器、控制单元、运动控制器、存储设备、通信接口及人机交互模块等关键组件。控制器的技术水平直接决定了机器人整体性能的高低，这通常是各大工业机器人制造商的核心技术壁垒，掌握在厂商手中。而控制器内嵌的控制软件，则是在既定硬件架构上进行二次开发的产品，旨在提供给用户一套有限的工具集，以便用户能够基于此开展基础功能的自定义开发。

尽管控制系统硬件成本通常只占机器人总成本的10% ~20%，然而软件部分则承载着机器人大脑的核心功能。在机器人系统中，硬件组件虽有相似之处，采购成本也相对接近，但不同品牌的机器人在精度和速度方面的表现却大相径庭，这一差异的根本原因在于控制系统对其零部件的驾驭能力和效率存在显著差异。因此，控制系统成了机器人制造企业的核心技术优势所在。目前，全球领先的四大机器人制造商均采用自主研发的控制系统，这充分体现了控制系统在机器人技术中的重要性。

此外，市场上还存在一些专注于提供机器人控制系统解决方案的二级服务公司，这些公司通过研发和优化控制系统，为行业客户提供更加专业和高效的机器人控制技术。

工业机器人的控制系统具备多种基本功能，包括示教、存储、通信和感知，这些功能相互协作，共同赋予机器人灵活高效的工作能力。

首先，示教功能是通过示教器实现的，这是一种专为机器人调试设计的手持硬件设备，是控制系统不可或缺的一部分。操作人员可以利用示教器直接操控机器人，调整其动作姿态，修改并保存机器人执行任务的参数和程序，为后续的自动运行奠定基础。

其次，通信功能使得机器人能够与外部设备进行交互。这一功能通过通信接口得以实现，其中包括串行接口、并行接口等传统通信方式，以及更先进的以太网 Ethernet 接口和现场总线 Fieldbus 接口。Ethernet 接口允许多台机器人间或机器人与计算机之间通过 TCP/IP 协议实现数据通信，而 Fieldbus 接口则支持 Devicenet、Profibus - DP、ABremote I/O 等现场总线协议，增强了机器人系统之间的协同能力。

再次，感知功能的实现依靠于传感器接口，让机器人具备了类似人类的感知能力。通过各种传感器（如工业摄像头、距离传感器、力传感器等），机器人可以“感知”周围环境的变化，根据所接收到的信息灵活调整动作，以满足不同的操作需求。这一能力极大地扩展了机器人的工作范围和适用场景。

最后，存储功能确保了机器人运行数据的保存与管理。机器人的存储设备包括存储芯片、硬盘等，主要用于存储作业顺序、运动路径、程序逻辑等相关数据，以及其他重要数据和参数。这一功能保证了机器人的记忆和学习能力，为自动化生产流程的稳定性和灵活性提供了有力支撑。

综上所述，工业机器人的控制系统通过示教、通信、感知和存储等基本功能的整合，不仅实现了机器人的自主控制和适应变化的能力，也为提升生产效率和产品质量提供了强大的技术支持。

二、工业机器人的驱动系统

（一）工业机器人驱动系统概述

工业机器人的驱动系统是至关重要的组成部分，它负责提供动力，以驱动机器人各部位及关节的运动，从而实现机器人各种复杂的动作。驱动系统直接或间接作用于机器人本体，确保其能够按照预设程序进行精确的操作。

工业机器人的驱动系统按照动力源的不同，大致可以分为液压驱动系统、气动驱动系统、电动驱动系统、复合式驱动系统和新型驱动系统。其中，液压驱动系统、气动驱动系统和电动驱动系统构成了驱动系统的三大基础类型，它们各自具备独特的特点和优势。依据特定的应用场景和需求，工业机器人可能单独选用这三大基本驱动类型之一，或者结合它们的特点，构建更为复杂且高效的复合式驱动系统，以实现更高的性能表现和操作精度。

工业机器人各种驱动方式的特点及比较如表 7－1 所示。

表 7－1　工业机器人各种驱动方式的特点及比较

内容	液压驱动	气动驱动	电动驱动
输出功率	很大；压力范围为 50～1400 N/cm^2	大；压力范围为 40～60 N/cm^2，最大可达 100 N/cm^2	较大
控制性能	控制精度较高；可无级调速；反应灵敏；可实现连续轨迹控制	气体压缩性大；精度低；阻尼效果差；低速不易控制；难以实现伺服控制	控制精度高；反应灵敏；可实现高速、高精度的连续轨迹控制；伺服特性好，控制系统复杂
响应速度	很高	较高	很高
结构性能及体积	执行机构可标准化、模块化，易实现直接驱动，功率质量比大，体积小结构紧凑，密封问题较大	执行机构可标准化、模块化，易实现直接驱动，功率质量比较大，体积小，结构紧凑，密封问题较小	伺服电动机易于标准化，结构性能好，噪声低，电动机一般需配置减速装置；除 DD 电动机外，难以进行直接驱动，结构紧凑，无密封问题
安全性	防爆性能较好，用液压油作为驱动介质，在一定条件下有火灾危险	防爆性能好，高于 1000 kPa（约为 10 个标准大气压）时应注意设备的抗压性	设备自身无爆炸和火灾危险；直流有刷电动机换向时有火花，防爆性能较差

续表

内容	液压驱动	气动驱动	电动驱动
对环境的影响	泄漏对环境有污染	排气时有噪声	很小
效率与成本	效率中等（0.3~0.6），液压元件成本较高	效率低（0.15~0.20），气源方便，结构简单，成本低	效率为0.5左右，成本高
维修及使用	方便，但油液对环境温度有一定要求	方便	较复杂
在工业机器人中的应用范围	适用于重载、低速驱动场合，油液伺服系统适用于喷涂机器人、重载点焊机器人和搬运机器人	适用于中小负载、快速驱动、精度要求较低的有限点位程序控制机器人，如冲压机器人、机器人本体的气动平衡及装配机器人气动夹具	适用于中小负载、要求具有较高的位置控制精度、速度较高的工业机器人，如AC伺服喷涂机器人、点焊机器人、弧焊机器人、装配机器人等

（二）液压驱动

液压驱动是一种以液体作为工作介质，进行能量传递与控制的驱动方式。这一方式根据能量转换的形式，被划分为液力驱动和液压驱动两大类。液力驱动主要通过液体的动能来实现能量转换，例如，液力耦合器和液力变矩器就是其典型应用；而液压驱动则是利用液体的压力能来进行能量转换，这是工业机器人中最为常见的驱动模式。

在工业机器人领域，液压驱动技术以油液作为核心载体，将电动机的机械能转换为液压系统的压力能。具体过程如下：电动机通过驱动液压泵，产生高压油液，这一过程实现了从机械能到压力能的转变。之后，高压油液经过管道及一系列的控制和调节装置后，进入油缸内部，促使活塞杆的运动，进而使机械臂得以进行伸缩、升降等动作。在这过程中，油液的压力能再次转化为机械能，驱动机械臂完成任务。

采用液压驱动技术，在工业机器人的设计与制造中具有诸多优势。它能简化机器的结构，减轻机器的整体重量，降低材料的消耗，并有助于控制成本，同时能有效减轻操作人员的劳动强度，显著提升工作效率和机器运行的可靠性。因此，液压驱动技术成为了现代工业机器人发展中不可或缺的关键技术之一。

（三）气动驱动

气动驱动与液压驱动类似，只是气动驱动以压缩气体为工作介质，靠气体的压力传递动力或驱动信息的流体，传递动力的系统是将压缩气体经由管道和控制阀输送给气动执行元件，把压缩气体的压力能转换为机械能；传递信息的系统是利用气动逻辑元件或射流元件来实现逻辑运算等功能。

（四）电动驱动

电动驱动是一种将电能直接转换为机械能，用于驱动工业机器人的驱动方式。它通过电动机产生的力或力矩，直接或通过机械传动机构来控制机器人的关节运动，以达到预设的位置、速度和加速度目标。其中，步进电动机驱动就是一种典型的将电脉冲信号转化为位移或角位移的技术，它有效地减少了中间的能量转换环节，相较于液压驱动和气动驱动而言，电动驱动的效率更高。

目前，工业机器人中除了在某些对运动精度要求不高、需要重负载或是有特殊防爆需求的情况下会选用液压驱动或气压驱动外，大部分机器人普遍采用电动驱动方式。通常情况下，每个关节配置单独的驱动器，以确保高效、精准地控制机器人的每一个动作。

电动驱动技术具备多重优势：首先，它能够有效避免能源转换过程中产生的污染问题，同时响应速度快、精度高且成本相对较低，便于实施精准控制。其次，随着电动驱动技术的不断进步，电动驱动在工业机器人的应用中展现出更大的潜力，进一步提升了机器人的整体性能和工作效率。

第三节　工业机器人的控制技术与应用

一、工业机器人的控制技术

工业机器人在设计上常采用集成多传感器系统的方案，这一配置显著增强了其智能化水平。通过多传感器信息融合技术，机器人能够实现更加精准的信息处理与决策，从而提升自身的认知能力。

一个典型的多感觉智能机器人通常包括机器人主体、控制器、驱动器、多传感系统、计算机系统及示教盒等组件。其工作流程大致如下：首先，机器人及其内置的位置传感器共同采集外界环境的数据信息。其次，这些数据与其他多传感器获取的信息相结合，通过多传感信息融合技术进行综合分析和处理。基于此综合信息，机器人能够精确检测其工作部件的状态，并据此规划出相应的运动轨迹。这一系列过程使机器人具备了自主完成复杂工业任务的能力，实现了从简单执行者到具备一定智能水平操作者的转变。

（一）视觉传感

视觉测量作为一种非接触式的测量方式，在“三维重建”“运动跟踪”“机器人导航”等多个领域广泛应用，其中“双目视觉”技术尤其突出。双目视觉技术不仅为机器视觉提供了强大的功能，也是获得环境信息的关键手段之一，从而显著提升了机器人的自主性和灵活性。这种技术通过对目标进行匹配和位姿测量，成了当前机器人应用领域发展的重要方向之一，通过在机器人上安装的摄像头处理视频图像，我们可以有效地提高机器人的定位精度。

立体视觉是一种有效的机动目标空间位置及姿态检测方法。在机器人应用中，立体相机通常被安装在机器人基座上方，并斜向下对准可能包含目标物体的区域，通过捕获目标物体的图像信息，实现对目标特征的检测和分割，利用立体视觉成像原理来恢复目标的三维空间姿态，以指导机器人完成随动抓取任务。基于立体视觉的检测需要快速且具备适应性，以应对光线变化和目标特征部分遮挡等挑战，确保在各种环境下的稳定性和准确性。

立体视觉相机检测目标的技术复杂而细致，涉及一系列关键步骤，从单目相机到立体相机的标定、图像处理、特征识别、特征匹配直至手眼标定。这些步骤旨在确保目标的有效检测、精确定位及准确姿态识别，对于机器人系统在动态环境中的应用至关重要。

1. 立体视觉标定方法

首先，通过手持特定的标定板变换姿态，让相机能够从多个角度观察到标定板上的特征，记录这些观察到的数据。接着，使用 MATLAB 中的相机标定工具包处理这些数据，完成对单目相机的标定工作。在此基础上，我们进一步开展立体视觉系统的标定，不仅考虑了单目相机之间的相对位置，还包括了与机器人基座的相对参数标定，以确保机器人能准确理解空间中目标的三维位置。

2. 单目相机标定方法

基于 MATLAB 的相机标定工具包，在已经调整好焦距的情况下，我们分别拍摄含有棋盘格的图像，并通过分析棋盘格的角点来计算相机的内部参数，包括焦距分量、主点坐标和镜头的扭曲参数，从而实现单目相机的精细标定。

3. 立体相机标定方法

在单目相机标定的基础上，我们通过比较左右相机的观察结果，确定右相机相对于左相机的旋转矩阵和平移矩阵，完成立体相机外部参数的标定。这一过程确保了两个相机能够在同一视场内协同工作，提供一致的三维空间信息。

4. 手眼标定方法

为了使机器人能够将基于左相机坐标系的目标姿态和位置准确地转化为以机器人基础坐标系为参考的测量值，我们需要进行手眼标定。通过在机器人末端执行器上放置预设的标定模板，并控制机器人执行器运动到不同位置进行图像捕捉和位置记录，再采用如最小二乘这样的非线性最优化方法估计出相关姿态变换参数。这一系列操作确保了机器人能够精确地定位和跟踪空间中的目标，提升其作业效率和适应性。

（二）力觉传感

1. 力觉传感器

（1）应变式力觉传感器

应变式力觉传感器是一种利用材料的形变与电信号之间关系来感知力或扭矩的器件。具体来说，这类传感器通过测量施加于转轴上的转矩所导致的应变变化来评估扭矩大小。通常，它会在转轴的轴向范围内（$\pm45°$方向）粘贴四个应变片，这四个应变片能够感知轴向最大正负应变的差异。通过将这四个应变片组成全桥电路，传感器能够输出一个与实际转矩成正比的电压信号，这使得应变式力觉传感器具有结构紧凑且测量精度较高的优势。

然而，应变式力觉传感器在设计时需要面对一些挑战，尤其是在需要监测高速旋转轴的情况。这是因为这类传感器通常依赖于集流环来进行电气连接，集流环的原理在于通过接触件来传递电流，但这种机械连接方式存在一定的缺点：一方面，接触件的磨损会逐渐降低传感器的可靠性；另一方面，随着接触次数的增加，信号传输的稳定性也可能受到影响。因此，对于需要频繁高速旋转的应用场景，集流环的存在可能限制了传感器的适用范围，影响了其性能的发挥。

为解决高速旋转应用下的问题，研究者正在探索各种替代方案，例如非接触式导电材料、光纤传感技术或其他先进的电气连接方式，以减少或避免因接触磨损带来的负面影响，进而提高应变式力觉传感器在高动态环境中工作的稳定性和准确性。

（2）压磁式力觉传感器

当铁磁材料，如铁轴，受到外加转矩作用时，材料内部的磁畴排列会发生相应变化，这种变化体现在磁偶极矩的调整及晶界位置的改变上，最终导致磁性能的变化。这一过程涉及两种基本效应：磁致伸缩效应和压磁效应。

在磁致伸缩效应中，当强磁体在外磁场作用下被磁化时，磁偶极矩的变化会引发磁畴之间的界限变动，进而引起晶界的相对位移，从而表现出磁体的机械形变——长度的增减或扭曲现象。

相反，压磁效应则指的是在强磁体受到外力作用时，应力导致的应变会影响磁畴的排列，促使晶界的位移，进一步导致磁偶极矩的变动。这种情况下，铁磁材料的磁化强度会发生相应变化，反映出外部力的作用。

利用压磁效应的原理，我们可以开发出用于测量力和力矩的压磁传感器。例如，通过在铁磁材料（如转轴）上缠绕线圈，并在未施加转矩时检测线圈上是否产生感应电势，我们可以确定轴处于无负荷状态。一旦转轴受到转矩作用，磁性能的变化会导致磁力线分布不再对称，从而在线圈上产生感应电势。转矩的大小直接决定了感应电势的大小，理论上两者呈线性关系。因此，通过对感应电势的测量，我们可以直接测定轴上施加的转矩。

这种基于压磁效应的传感器具有显著的优势，包括非接触测量的特性，使得操作更加便捷和安全；结构简单且可靠性高；几乎不受温度变化的影响；以及较高的输出电压，通常可达 10 V，便于信号的采集和处理。这些特点使得压磁式转矩传感器成为工业自动化、精密机械等领域中广泛应用的重要工具。

（3）光电式力觉传感器

在转轴设计中引入光栅系统，通过监测轴在受力状态下的变化，可以实现对转矩的非接触式精确测量。具体来说，在转轴的两端各安装一个光栅圆盘，这两个光栅盘外侧配置了光源和一组光敏元件。在转轴未受任何转矩作用的情况下，两个光栅的条纹排列错开，导致光路完全被遮挡，此时光敏元件接收不到光信号，即无电信号输出。

当转轴受到转矩作用时，轴会发生扭转变形。由于光栅安装的位置，轴的两端截面会产生一定的相对转角。随着转角的增加，位于转轴两侧的光栅上的暗条纹逐渐对齐，部分光线得以穿透两片光栅并照射到光敏元件上，从而产生电信号输出。这种现象揭示了光栅在转矩作用下的动态变化，实现了信号的转换。

转矩的大小直接影响着轴的扭转角度，扭转角度越大，意味着光栅条纹对齐所需的光路距离也越长，透过两光栅的光线量随之增多，最终照射到光敏元件上的光能也就越大。因此，输出的电信号强度与施加于转轴上的转矩成正比关系。这种机制使得光栅系统成为一种高度敏感的转矩检测手段，尤其适用于需要非接触、高精度测量的应用场景，如精密机械、自动化控制领域等。

总之，通过巧妙地利用光栅与转轴的交互作用，我们不仅能够实现对转矩的实时监测，还能提供连续、高精度的转矩数据，为现代工业生产和科学研究提供了有效的技术支撑。

（4）振弦式力觉传感器

振弦式力觉传感器是一种基于振弦振动原理的传感器，其设计原理巧妙地结合了物理中的振动理论与工程应用需求，特别适用于测量力、压力、转矩等参数。该传感器通常由固定在轴上的两个测量环及分别夹紧在测量环支架上的两根振弦构成。其中一根振弦承受增加的张力，而另一根则承受减少的张力，这一变化直接导致振弦振动频率的改变。

当轴受到转矩作用时，两个测量环之间产生的相对转角会促使两根振弦的状态发生变化：其中一根因受力增加而张力变大，引起其振动频率上升；另一根则因为张力减少，导致其振动频率下降。这种张力变化与振弦振动频率之间的关系遵循特定的物理定律，即振弦的自振频率与其所受张力呈平方根关系，这意味着张力的微小变化可以显著影响振弦的振动频率。

传感器的核心在于精确测量这两根振弦振动频率的差异。通过对这一频率差值的分析，我们可以推算出轴上所受转矩的具体大小。这种方法的优点是其能够实现高精度、非接触式的力或转矩测量，且不受温度变化、湿度等环境因素的影响，稳定性强，可靠性高。

因此，振弦式力觉传感器在各种工业、科研领域有着广泛的应用前景，尤其是在需要精准测量动态力变化、转矩变化的场合，如精密机械、航空航天、汽车制造、电子仪器等领域。通过对其结构进行优化设计，我们可以进一步提升传感器的性能指标，满足不同应用场景的需求。

2. 机器人力控制技术

下面我们从柔顺行为控制技术角度出发，介绍 3 种柔顺控制技术原理，分别为顺应控制、阻抗控制和力/位置混合控制。

（1）顺应控制

顺应控制作为一种重要的机器人控制策略，尤其在面对复杂环境与任务时显得尤为重要，它涉及末端执行器与外界环境的交互过程，旨在确保机器人在执行任务时能够有效适应环境的不确定性和变化，实现稳定、准确的操作。顺应控制的目标在于同时管理末端执行器的位置控制和力控制，以确保在面对外部接触时，机器人能够灵活地调整自己的行为，既不破坏目标对象，又能在限定范围内完成所需动作。

顺应控制主要包括被动式和主动式两种实施方式，它们各自具备不同的特点和优势：

①被动式顺应控制

被动式顺应控制通过在机械手腕部安装柔性装置来增强其对外部环境的顺应能力，这一装置通常被称为柔顺手腕。典型的柔性装置如 RCC，是一种利用铰链连杆和弹性材料构建的无源机械装置，拥有良好的消振能力和一定的柔顺性。RCC 的关键特点是存在一个特殊的点——柔顺中心，该点对外力的反应表现为沿中心杆的平移，对外力矩的反应则表现为绕该点的旋转。这种特性使得 RCC 在受到力或力矩作用时能自动调整形状，有效抵消线性误差和角度误差，从而帮助机器人平稳完成装配任务。选择柔顺中心作为工作坐标的原点，便于后续的路径规划和控制。

被动式顺应控制具有成本低、实现简单、无须力/力矩传感器及在执行期间无须调整预设轨迹等优点。然而，由于缺乏力的直接测量，这种控制方式难以确保在接触过程中产生的力不超过安全阈值，可能无法处理较大接触力的情况，同时也限制了在不同机器人配置下应用的灵活性。

②主动式顺应控制

主动式顺应控制通过预先设计关节伺服刚度，并调整控制器来匹配末端执行器的预期刚度，实现更为精确和灵活的控制。这种方法允许根据任务需求调整机器人各关节的伺服刚度，从而使其更好地适应与外界的接触和交互。通过计算和调整关节伺服系统的增益，我们可以确保机器人在执行操作时的力反馈与任务要求相匹配，实现更加精细的操作控制。

主动式顺应控制相比被动式具有更高级的力控制能力，能够实时调整力量输出以应对环境变化，提高操作的准确性与安全性。然而，实现主动式顺应控制通常需要力/力矩传感器的支持，以准确测量机器人与环境的相互作用，这增加了系统的复杂性和成本。此外，主动控制策略可能需要更复杂的计算和调整过程，对控制系统的要求较高。

总体而言，顺应控制策略为机器人在实际应用中提供了强大的灵活性和适应性，特别是在与环境互动的场景下，如装配、处理敏感物品等任务。无论是被动式还是主动式顺应控制，都是为了提高机器人在复杂环境下的操作效能和安全性，从而在各种工业和研究领域发挥重要作用。

（2）阻抗控制

阻抗控制作为一种高级的机器人控制策略，其实质上仍基于位置控制原理，但它引入了力反馈的概念，使得机器人能够不仅精确地控制位置，还能有效地控制与环境或对象接触时所施加的力。这一特性使得阻抗控制在执行任务时能够更加智能、灵活和安全。

在阻抗控制体系中，其核心输入包括末端执行器的位置期望值和速度期望值。对于刚度控制而言，位置期望值指导机器人如何精确移动，以达到预定的位置；而速度期望值则进一步引导了移动过程中的动态响应，确保移动过程平稳且符合预期的速度曲线。通过这些输入，机器人能够预测并尝试达到目标位置，但同时考虑到力的约束。

关键创新在于引入了力反馈控制环。这一环路使阻抗控制不仅关注位置偏差和速度偏差，而且还与末端执行器及其与外部环境接触的力紧密相关。换句话说，阻抗控制通过监测这些偏差量与实际接触力之间的关系，实现了力的闭环控制。这意味着机器人不仅能根据位置信息调整动作，而且还能在遇到外部阻力时适度减缓速度或者改变方向，以避免过大的力造成损坏或者不期望的结果。

这种力与位置、速度的综合控制策略赋予了机器人更高的适应性和鲁棒性。它能够使机器人在面对不同负载、不同接触情况时，能够灵活地调整自身的动作以适应环境，减少意外损伤的可能性。因此，在需要高精度操作、处理敏感物体或与人类协同工作的场景中，阻抗控制展现出独特的优势，广泛应用于自动化生产、医疗手术辅助、服务机器人等领域。

（3）力/位置混合控制

力/位置混合控制的目标是将末端执行器的运动控制与接触力控制这两个复杂的问题分解成独立的、可解决的子问题。在不同的控制框架下，针对刚性环境和柔性环境我们提出了具体的混合控制策略：

首先，一种是分解加速度的方法。这种方法借鉴了运动控制领域的经验，试图通过逆动力学控制策略在加速度层级对机器人复杂的非线性动力学系统进行线性化处理，以实现解耦控制。在与环境交互的场景中，这一方法侧重于在力控制子空间和速度控制子空间之间构建完全的解耦，旨在精准控制末端执行器的动作及接触力，提高操作的灵活性和安全性。

其次，分解速度的方法是一种相对简单的策略。相较于需要调整现有工业机器人控制器的分解加速度方法和基于无源性原则的方法，分解速度方法在理论上更为直接：当接触环境相对柔顺时，我们可以通过近似地利用与速度分解控制相关的运动控制闭环动态来实现力的控制。这一策略简化了控制系统的设计和实施，降低了对控制器硬件性能的要求，同时也便于在实践中验证和优化控制策略的效果。

这两种方法都在一定程度上实现了力与位置控制的分离，分别针对不同的环境条件提供了有效的解决方案。它们各自的特点决定了我们在实际应用中可以根据具体的工作场景、设备能力及控制精度要求选择最合适的控制方法。

二、工业机器人的应用

（一）弧焊机器人的应用

汽车前桥焊接机器人工作站是一个高度综合且集成度高的焊接工作单元，其设计旨在高效完成复杂的汽车前桥焊接任务。为了确保工作站的优化运行并满足用户的特定需求，制作总体方案前，我们需仔细考虑以下三个方面：

首先，针对焊接夹具的具体尺寸进行估算。此步骤需深入分析汽车前桥的结构特性及其焊接工艺需求，制定一个既能有效固定工件同时又具备一定的调整空间的定位夹紧方案。估算过程中我们应考虑到夹具的外形与尺寸，以确保其不仅能够精确地固定不同类型的工件，还能提供必要的灵活性，以便适应多种焊接位置。

其次，确定变位机的基本形式对于提高焊接效率至关重要。理想的焊接夹具应当具备变换位置的能力，这不仅允许机器人以最佳的角度和姿态进行焊接，而且在工件的不同部位进行焊接时能灵活切换。此外，为了最大化利用机器人的工作效能，并尽量减少工件的装卸时间，我们通常建议配置两套变位机，以实现工件与机器人的无缝衔接。在此基础上，优选翻转变位机的形式，因为它能有效满足快速改变工件位置的需求，提升整体生产效率。

最后，设备选型阶段我们需充分考虑多个因素，包括但不限于机器人与焊机的承载能力、作业范围及工件材料的焊接特点。在这一阶段，我们需要根据具体的使用场景和任务要求，从市场上选择最适合的机器人型号及配套的焊接设备。通过科学的选型，我们不仅能确保焊接过程的高效性和可靠性，还能最大限度地降低运营成本，提升工作站的整体性能和竞争力。

1. 工作站整体结构

汽车前桥焊接机器人工作站的设计基于经济性原则、合理布局、科学生产的理念，旨在实现人员精简、产量高效、劳动强度低、生产效率高及安全生产的目标。工作站的核心组件包括机器人系统、AC 伺服双轴变位机、自动转位台、焊接夹具、工作站系统控制器、焊机及一系列焊接辅助设备。为了确保工作的顺利进行，工作站采用了 MA1400 型机器人，配合 RD350 焊机作为核心执行设备。

MA1400 型机器人选用的是扁平型交流伺服电动机，这种电动机具有结构紧凑、响应速度快、工作效率高的特点，并内置防碰撞系统，可在示教或自动运行模式下监测机器人与周围设备之间的碰撞情况。此外，其设计确保了机器人焊枪姿态的灵活变化，同时焊接电缆的弯曲幅度小，送丝过程更加平稳，能够实现长时间连续稳定的焊接工作。

RD350 焊机则采用先进的 100 kHz 高速逆变器进行控制，结合 DSP 技术实现了对电流、电压的精准调控，以及对送丝装置伺服电动机的全数字控制，显著提升了焊接精度和稳定性。

工作站还配置了双工位双轴变位机的自动转位台，当机器人固定在工作位时，由系统控制器协调控制转位台和变位机的动作，使得机器人按照预设指令依次对汽车前桥的不同焊接面进行操作，极大地提高了焊接效率与灵活性。

总之，通过精心设计和合理配置上述组成部分，汽车前桥焊接机器人工作站不仅实现了高效的自动化生产，还兼顾了安全性和成本效益，为现代化汽车制造提供了有力的技术支撑。

2. 控制系统工作原理

前桥焊接机器人工作站的控制系统由两个关键 Agent 组成：系统控制器 Agent 和机器人控制器 Agent。这两个 Agent 在执行环境中展现出反应性、自治性和目的驱动性等特征，分别承担着不同的职责，同时协同工作，共同优化整个焊接过程。

系统控制器 Agent 的职责在于根据设定的控制策略和来自传感器的实时数据，对变位机和自动转位台实施精确控制。当一个工位的焊接作业完成，系统控制模块接收变位指令，并通过执行装置向变位机发送相应的转位请求。变位机接收到信号后开始动作，同时，信息处理模块通过各种传感器监测变位过程直至完成，然后将这一信息反馈至系统控制模块。接收到确认信息后，系统控制模块指示执行装置停止动作，完成一次变位过程。

相比之下，机器人控制器 Agent 专注于实时监控和调整焊接过程的关键参数，如焊接电压、电流、焊缝跟踪等，确保焊接工艺的准确执行。它根据预编写的焊接程序，利用从手动工作方式中收集的数据，对焊接机器人进行精确控制，实现对前桥的自动化焊接。对于每个焊接轨迹，都有一个特定的二进制编码程序号与之对应，便于机器人控制器快速识别并执行相应的焊接操作。此外，机器人控制器还具备响应实时信号的能力，例如在剪丝动作等特殊事件发生时作出相应调整，确保焊接过程的连续性和高效性。

（二）喷涂机器人的应用

喷涂机器人，亦称为喷漆机器人，是在工业领域用于自动喷漆或其他涂料喷涂的机器人系统。这类机器人基于静电喷涂原理工作，其核心在于利用高压静电在喷枪与工件之间建立起静电场，使得涂料微粒携带电荷，在静电力的驱动下精准地沉积于工件表面，形成均匀的涂层。

一个典型的喷涂机器人工作站包括多个组件：喷涂机器人本体、喷涂工作台、喷房、过滤送风系统、安全保护系统等。喷涂机器人主要由三部分构成：机器人本体、喷涂控制系统和雾化喷涂系统。其中，喷涂控制系统负责整体的操作逻辑与协调，包括机器人控制柜和喷涂控制柜；雾化喷涂系统则包含关键组件如换色阀、流量控制器、雾化器、喷枪和涂料调压阀，特别是调压阀能够调节喷枪的流量与扇幅，换色阀则负责不同颜色涂料间的切换，并在喷涂完成后使用水性漆清洗剂清洗喷枪和管路，保持设备清洁。

喷涂作业对人体健康构成巨大威胁，且作业环境往往存在照明不佳、通风不畅等问题，这导致喷涂领域广泛采用机器人技术。引入喷涂机器人显著提升了工作效率与产品质量，减少了人工操作带来的安全风险，并降低了生产成本。相较于其他类型的工业机器人，喷涂机器人在使用环境中和动作要求上表现出以下特点：

1. 环境特性

工作环境通常充斥着易燃、易爆的喷涂剂蒸汽，对机器人及操作人员的安全构成挑战。

2. 轨迹与作业模式

喷涂机器人的运行轨迹要求快速而精确，每个轨迹上的所有点都是作业点，需要在高速运动中实现高精度定位与喷涂。

3. 动态工作特性

大部分被喷涂的工件会搭载在传送带上，伴随传送的同时进行喷涂，这就要求机器人具备良好的跟随性和适应性，能够适应工件的动态变化，完成高质量的涂层覆盖。

（三）检查、测量机器人

检查、测量机器人是一种高度集成化的智能装备，集成了机械手的运动功能、对象状态的感知功能，以及数据的分析、判断和决策功能。在制造业领域引入这类机器人，旨在提升产品质量，减少工时消耗，降低环境粉尘污染，以及减轻检查人员的劳动负担。以下是该类机器人的应用范围：

1. 形状测量

形状测量主要用于两个目的：一是对工件进行形状检查，以判断其是否符合质量标准；二是依据测量结果指导后续的加工流程。这种精确的尺寸控制确保了零件的互换性和产品的最终质量。

2. 装配检查

在装配过程中，检查内容包括零部件的识别、准确的位置确认以及装配关系的准确性。这确保了最终产品的可靠性和安全性，防止了因装配错误引起的潜在故障。

3. 动作试验

对于产品性能的检验，机器人可以通过模拟人执行的各种操作，构建自动化性能检查系统。例如，在银行自动存取机的测试中，机器人搭载在移动平台上，同时检查多台机器，提高了测试效率。通过采用垂直六关节机器人，可以执行复杂的操作，其灵活性和多功能性显著。

4. 缺陷检查

自动探伤装置是一种专门用于检查材料内部缺陷的机器人。通过超声波探伤，当钢板内部存在缺陷时，超声波会被反射回探头，然后通过计算机处理这些信号，识别出缺陷的具体参数。这一过程不仅提高了检查的精度和速度，还大大减少了人为操作的误差。

总之，检查、测量机器人在提高生产效率、确保产品质量、优化工作环境方面发挥着至关重要的作用，其广泛的应用领域为现代制造业的智能化发展注入了强大动力。

参考文献

[1] 张大伟，赵升吨. 制造业先进技术系列材料成形设备与系统车辆制造中的应用［M］. 北京：机械工业出版社，2023.
[2] 喻彩丽. 智能检测工程［M］. 北京：机械工业出版社，2023.
[3] 赵昊东，周铭丽. 机械制造与自动化控制研究［M］. 北京：中国铁道出版社，2023.
[4] 陈本锋. 机械制造与创新设计［M］. 成都：西南交通大学出版社，2023.
[5] 许兆美. 机械制造技术基础［M］. 2版. 北京：北京理工大学出版社，2022.
[6] 王均佩. 机械自动化与电气的创新研究［M］. 长春：吉林科学技术出版社，2022.
[7] 李占君，王霞. 现代机械制造技术及其应用研究［M］. 长春：吉林科学技术出版社，2022.
[8] 葛亚明，高斌，陈勇飞. 先进制造理论研究与工程技术系列轮式机器人设计与控制实践［M］. 哈尔滨：哈尔滨工业大学出版社，2022.
[9] 崔井军，熊安平，刘佳鑫. 机械设计制造及其自动化研究［M］. 长春：吉林科学技术出版社，2022.
[10] 任小中. 先进制造技术［M］. 北京：北京理工大学出版社，2022.
[11] 黄力刚. 机械制造自动化及先进制造技术研究［M］. 北京：中国原子能出版社，2022.
[12] 陈艳芳，邹武，魏娜莎. 智能制造时代机械设计制造及其自动化技术研究［M］. 北京：中国原子能出版社，2022.
[13] 彭江英，田文峰. 机械制造工艺基础［M］. 4版. 武汉：华中科技大学出版社，2022.
[14] 雷卫东，车阿大. 柔性加工时间自动化制造单元调度理论与方法［M］. 北京：机械工业出版社，2022.
[15] 鲁植雄. 机械工程学科导论［M］. 北京：机械工业出版社，2021.
[16] 金晓华. 机械制造技术基础［M］. 北京：机械工业出版社，2021.
[17] 张绪祥. 机械制造基础（含金属切削机床与刀具）［M］. 武汉：华中科技大学出版社，2021.
[18] 卞洪元. 机械制造工艺与夹具［M］. 3版. 北京：北京理工大学出版社，2021.
[19] 喻洪平. 机械制造技术基础［M］. 重庆：重庆大学出版社，2021.
[20] 肖维荣，齐蓉. 装备自动化工程设计与实践［M］. 2版. 北京：机械工业出版社，2021.
[21] 闫玉玲，尹普. 机械自动化与设备管理［M］. 长春：吉林科学技术出版社，2021.
[22] 陈明，张光新，向宏. 智能制造导论［M］. 北京：机械工业出版社，2021.
[23] 马静，胡素梅，张学芳. 自动化生产线安装与调试项目化教程［M］. 北京：北京理工大学出版社，2021.
[24] 杨明涛，潘洁. 机械自动化技术与特种设备管理［M］. 汕头：汕头大学出版社，2021.
[25] 黄健求，韩立发. 机械制造技术基础［M］. 3版. 北京：机械工业出版社，2021.
[26] 吴拓. 机械制造工程［M］. 4版. 北京：机械工业出版社，2021.
[27] 连潇，曹巨华，李素斌. 机械制造与机电工程［M］. 汕头：汕头大学出版社，2021.
[28] 郑维明. 智能制造数字化建模与产品设计［M］. 北京：机械工业出版社，2021.

[29] 万宏强. 机械制造技术课程设计 [M]. 北京：机械工业出版社，2020.

[30] 熊良山. 机械制造技术基础 [M]. 4 版. 武汉：华中科技大学出版社，2020.

[31] 贾玉红，何景武. 现代飞行器制造工艺 [M]. 2 版. 北京：北京航空航天大学出版社，2020.

[32] 周梅，陈清奎，赵文波. 机械制造工艺 [M]. 成都：电子科学技术大学出版社，2020.

[33] 李杨，王洪荣，邹军. 基于数字孪生技术的柔性制造系统 [M]. 上海：上海科学技术出版社，2020.

[34] 许丽佳. 自动控制原理 [M]. 北京：机械工业出版社，2020.

[35] 王隆太. 先进制造技术 [M]. 3 版. 北京：机械工业出版社，2020.

[36] 董克权，张金铮. 现代制造工艺及精密加工技术的应用研究 [M]. 延吉：延边大学出版社，2020.

[37] 周建新. 铸造企业数字化管理系统及应用 [M]. 北京：机械工业出版社，2020.

[38] 顾德英，罗云林，马淑华. 计算机控制技术 [M]. 4 版. 北京：北京邮电大学出版社，2020.

[39] 周祖德，娄平. 数字孪生与智能制造 [M]. 武汉：武汉理工大学出版社，2020.

[40] 孟光. 航天智能制造技术与装备 [M]. 武汉：华中科技大学出版社，2020.

[41] 刘怀兰，孙海亮. 智能制造生产线运营与维护 [M]. 北京：机械工业出版社，2020.

[42] 杨书仪. 机械概论 [M]. 3 版. 北京：北京航空航天大学出版社，2020.

[43] 刘朝华. 工业机器人机械结构与维护 [M]. 北京：机械工业出版社，2020.

[44] 李红梅，刘红华. 机械加工工艺与技术研究 [M]. 昆明：云南大学出版社，2020.